Technologie der Handweberei.

Ein Lehr- und Lernbehelf

für Webeschulen, gewerbliche und höhere technische Schulen
sowie zum Selbstunterrichte für Webereibeflissene.

Von

Ing. Prof. Heinrich Kinzer,
Fachschuldirektor in Jägerndorf.

Mit Erlaß des Ministeriums für Schulwesen und Volkskultur vom 18. Jänner 1923, Nr. 112669/22-III,
als Lehrbuch zum Unterrichtsgebrauche an Textilschulen allgemein zugelassen.

II. Teil: Die Jacquardweberei.

Fünfte, umgearbeitete Auflage.

Mit 230 in den Text gedruckten Originalfiguren.

Preis Gm. 4·—.

Brünn.
Verlag Rudolf M. Rohrer.
1924.

Verlags-Nr. 524.

ISBN 978-3-663-15237-8   ISBN 978-3-663-15800-4 (eBook)
DOI 10.1007/978-3-663-15800-4

Inhaltsverzeichnis.

I. Der Unterschied von Schaft- und Jacquard-
weberei.

In der Schaftweberei mit Tritten ist man in der Vermehrung der Tritte beschränkt und daher auch in der Erzeugung von großen Musterrapporten. Man kann, wenn die Schaftstäbe dünn sind, wohl bis 45 Schäfte im Stuhle anbringen; dagegen ist die Zahl der Tritte mit Rücksicht auf ihre Festigkeit, Raumbeanspruchung und unpraktische Arbeitsweise aus leicht einsehbaren Gründen sehr begrenzt. Man versuchte daher eine Maschine zu konstruieren, welche, durch einen einzigen Tritt bewegt, sowohl einen größeren Schuß- als auch einen größeren Kettrapport zuließ. Es entstand auf diese Weise die bekannte Schaftmaschine bis zu 40 und mehr Schäfte; mit dieser Maschine kann man in einem Raume von 40 Kettenfäden jede beliebige Kreuzung respektive Figur oder Musterung hervorbringen. Es werden jedoch Stoffe verlangt, zu deren Musterung mehr als 40 Fäden erforderlich sind; zu diesem Zwecke wendet man eine Einrichtung an, welche von der Schaftvorrichtung verschieden ist und Schnurvorrichtung genannt wird. Man wendet dabei keine Schäfte mehr an, sondern läßt jede Helfe von einer separaten Platine aus frei arbeiten, oder verbindet nur einige Helfen untereinander, wenn das Muster einen Teil der Kette ausmacht, das heißt, eine derartige Einrichtung gestattet, das Muster in größerem Maße, in größeren Rapporten über die Gewebebreite oder in einigen Fällen sogar ein einziges Muster hervorzubringen. Es tritt daher an Stelle der Massenbewegung der Helfen durch Schäfte die Einzelnbewegung der Helfen durch Schnüre, wodurch der Bindungsrapport fast unbegrenzt wird und bis einige tausend Fäden ausmachen kann. Desgleichen läßt auch die Schußeintragung den erforderlichen großen Rapport zu.

Nachdem in der Gebildweberei die Fachbildung beim Weben mit Schnurvorrichtungen heute nur mehr mit Hilfe der von Jacquard erfundenen Maschine erfolgt, nennt man diesen künstlicheren Zweig der Weberei im allgemeinen und kurzweg: Jacquardweberei.

II. Historisches über Musterweberei.

Die verschiedenen Bewegungsarten für die Gewebemusterung, die man an einigen Orten und zu manchen Waren lange Zeit angewendet hat, sind nach der Reihe, wie sie eingeführt und gangbar geworden, ungefähr folgende:

1. Durch Ziehen der Helfen mit der Hand an Schnüren oder Knoten von einer Hilfsperson (eigentlicher **Zugstuhl**), insbesondere:

a) der Kegelstuhl,
b) der Zampelstuhl,
c) der Stuhl von Bouchon,
d) der Stuhl von Falcon.

2. Durch Heben der Helfen mittels Fußtrittes und einer mechanischen Vorrichtung vom Weber selbst (Hebemaschine, Mustermaschine), und zwar:

e) die Trommelmaschine,
f) die Leinwandmaschine,
g) die Stoß- und Hochsprungmaschine von Waldhör in Wien,
h) die Jacquardmaschine.

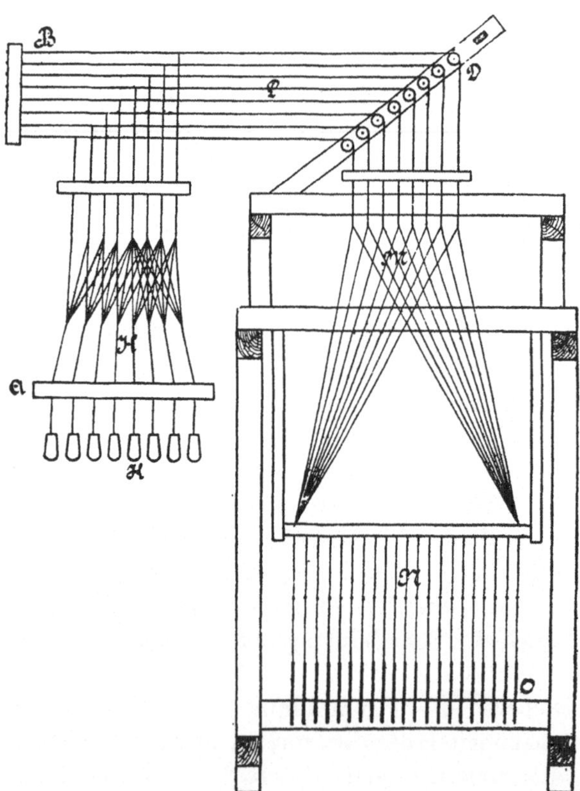

Fig. 1.

Die Zeit der Erfindung der Hebeschnurvorrichtung ist unbestimmt und reicht sehr weit zurück.

Der Kegelstuhl.

Derselbe war früher eine der verbreitetsten Vorrichtungen zum Musterweben; man richtete ihn bald mit Schäften, bald mit Schnurvorrichtung ein, je nachdem das Muster eine geringe oder größere Zahl von Fäden erforderte. Er wird auch kleiner Zampelstuhl genannt und wurde im XV. Jahrhundert in Frankreich von Johann dem Kalabreser eingeführt. Derselbe ist in seinem Prinzipe in Fig. 1 nach dem Stuhle des Webers Claude Dagon vom Jahre 1606 ersichtlich. Die **Hauptschnüre** H **(Hals-**

schnüre) sind mit den **Nebenschnüren** L entsprechend verbunden. Die hölzernen Kegel K sind unter dem **Kegelbrette** A angehängt. Durch das Ziehen eines oder mehrerer Kegel erfolgte die der Bindung eines Schusses entsprechende Fachbildung. Eine spätere Verbesserung erfuhr dieser Stuhl durch den in Fig. 2 ersichtlichen Zampelstuhl.

Der Zampelstuhl.

Dieser weicht nur in der Einrichtung des Zuges vom Kegelstuhle ab und hat mit diesem alle übrigen Teile gemein. Die Schnüre H und H^1 bilden die Hauptbranchen. Die Schnüre S sind in H dem Muster entsprechend (wie bei der heutigen Kartenschlagmaschine) eingelesen.

Fig. 3 zeigt, wie es ermöglicht wird, alle Zampelschnüre gleichmäßig zu spannen, um ein reines Fach zu erhalten. Alle Schleifen und die Enden der Griffschnur (L a t z e) vereinigte man durch einen Knoten.

Zur Bedienung dieser beiden Stühle gehörte außer dem eigentlichen Weber noch der sogenannte Ziehjunge, welcher die Aufgabe hatte, Schuß für Schuß an den Kegeln oder an den Schnüren s mit dem Stabe m zu ziehen, damit der Weber in das geöffnete Fach den Schuß eintragen konnte.

Die Nachteile des Kegel- und Zampelstuhles waren: Zu

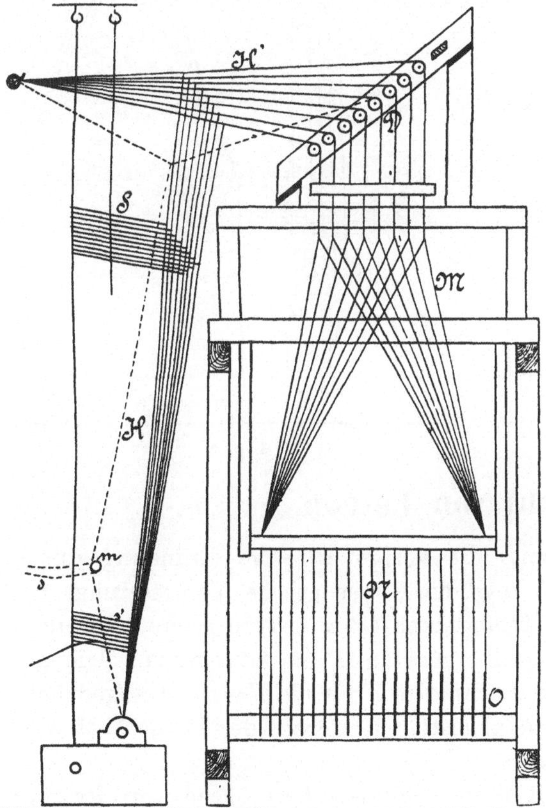

Fig. 2.

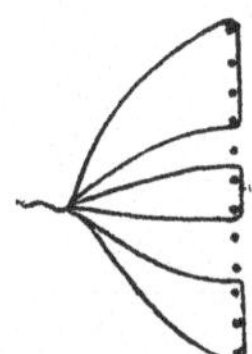

Fig. 3.

großer Raum, zwei Arbeiter pro Stuhl, langsames Arbeiten und häufige Fehler, hervorgerufen durch falsches Greifen.

Die Einrichtung war der Verbesserung fähig; es war die, daß durch den Weber selbst das Fach gebildet wird.

Der Stuhl von Bouchon.

Im Jahre 1725 verbesserte ein Lyoner Weber Basile Bouchon die Webstuhlvorrichtung in der Weise, daß er, wie in Fig. 4 ersichtlich, den Zampel- respektive Kegelzug durch Andrücken eines gelochten Papiers P an Nadeln n und Herausdrücken eines Knotens K aus einem Schlitze in größere Öffnungen S_1 mit Hilfe des Trittes T niederziehen beziehungsweise bewegen konnte. Die gelochten Stellen des Musterpapiers haben demnach die Hebung der Helfen veranlaßt.

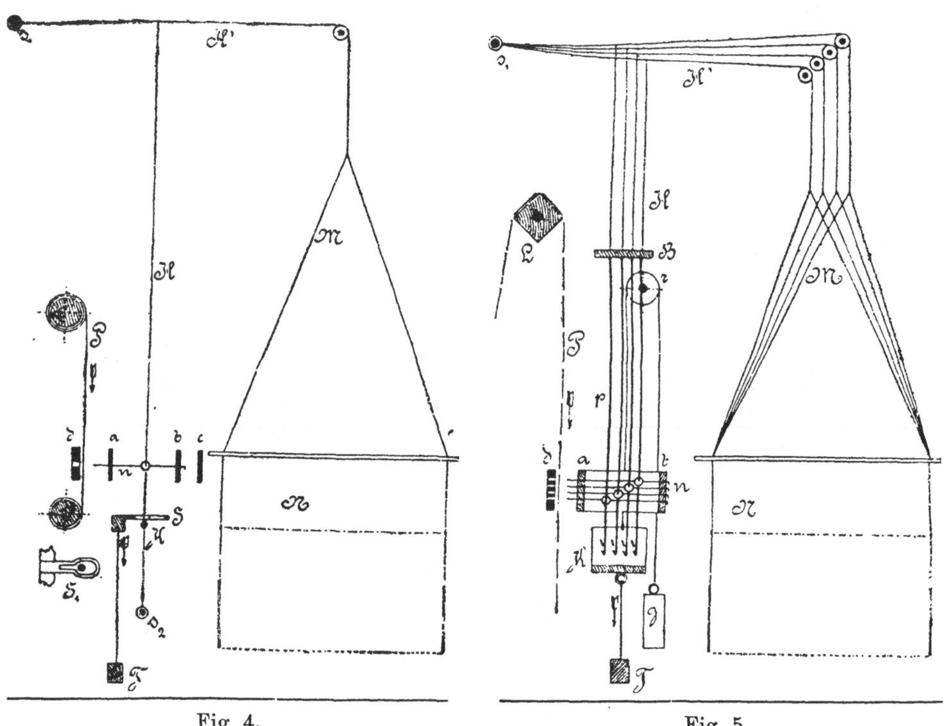

Fig. 4. Fig. 5.

Der Stuhl von Falcon.

Im Jahre 1728 wurde bereits die vorige wichtige Erfindung durch Falcon in Lyon überholt. Fig. 5 zeigt diese wesentliche Verbesserung, bei welcher die Knotenschnüre durch Drahthaken (Platinen) in mehreren Reihen und das endlose Papier durch einzelne Karten P ersetzt wurden. Die gelochten Karten wurden durch die Lochplatte d an die Nadeln n angedrückt und somit die Haken von Messern abgestoßen, worauf der Messerkasten K vom Tritte T niedergezogen wurde.

Eine weitere Verwendbarkeit dieses Stuhles, herrührend von **Reynier** in Nîmes 1730—1740, führte zu folgender Maschine.

Die Trommelmaschine.

Diese und die folgenden Maschinen machen den sogenannten Latzen- zieher entbehrlich, weil dieselben unmittelbar über dem Stuhle aufgestellt, vom Weber selbst mit einem Tritte bewegt werden.

Die Trommelmaschine Fig. 6 war seit dem Jahre 1790 in Wien im Gebrauch. Das Wesentlichste derselben ist die Anwendung der Platinen P, welche bis zu 150 in einer Reihe angeord- net waren und einer Mustertrommel MT gegenüberstanden. Auf dieser Trommel war das Muster mit erhöhten Holzknöpf- chen k bezeichnet, die bei der Drehschal- tung der Trommel auf die Hebeplatinen derart einwirken, daß sich deren Nasen

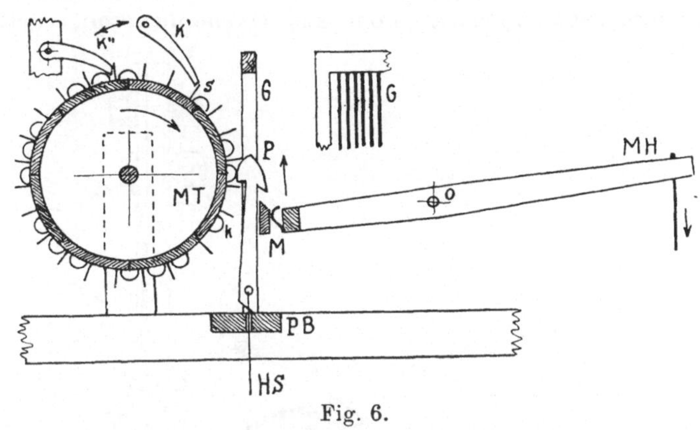

Fig. 6.

über das hochgehende Messer M eines Hebels MH einstellten und so das Heben der daran hängenden Schäfte veranlaßten.

Zur Führung der Platinen diente ein Gitter G. Die besteckten Parallel- linien am Umfang der Trommel ergaben den Kettrapport bis 150, die Um- fangsteilung den Schußrapport bis 200. In diesem schwerfälligen Apparate ist die Wirkungsweise unserer heutigen Schaftmaschine schon zu erkennen.

Die Leinwandmaschine, Fig. 7.

Bei Mustern, welche einen großen Schußrapport hatten, wurde die erforderliche Trommel zu groß, unbehilflich und kostspielig; man wandte

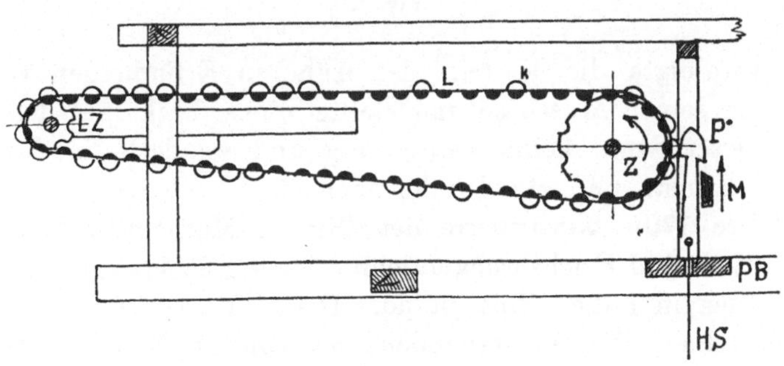

Fig. 7.

daher einen dünnen, hölzernen Zylinder Z an, um welchen eine Leinwand L ohne Ende gelegt war, welche die aufgeklebten Holzklötzchen K trug. Diese Maschine bot den Vorteil, daß man das Muster für öftere Anwendung aufbewahren konnte.

Die Stoß- und Hochsprungmaschine.

Schon das Jahr 1745 brachte in weiterer Beziehung durch die Erfindung von Vaucanson aus Grenoble einen wesentlichen Fortschritt.

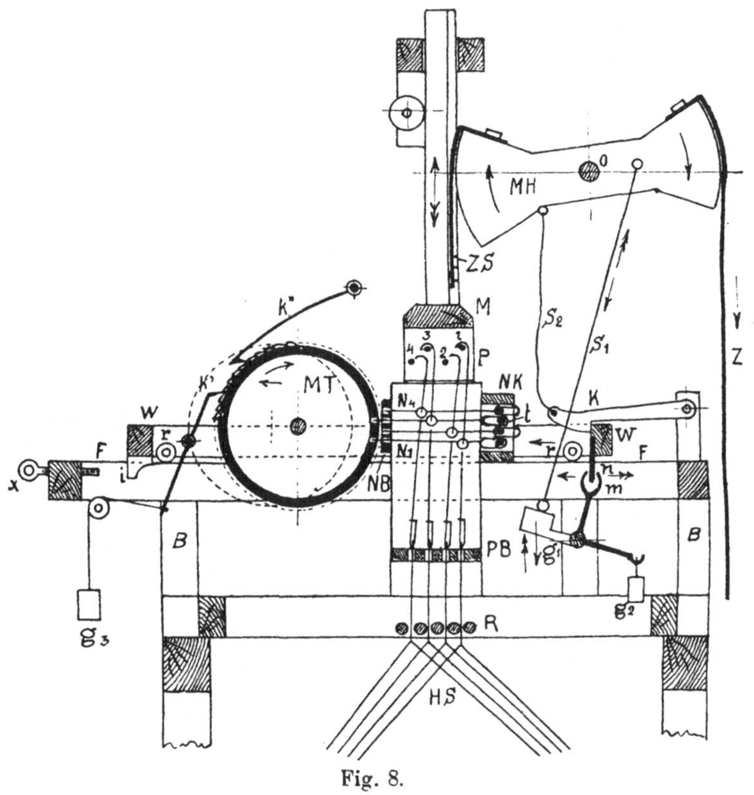

Fig. 8.

Vaucanson vereinigte die Vorteile der früheren Erfindungen von Bouchon und Falcon in seiner Maschine und stellte diese direkt auf den Webstuhl. Doch fand dieser Stuhl keine Verbreitung und wanderte das Modell in das Museum der Künste und Handwerke nach Paris.

Im Jahre 1799 konstruierte der Wiener Mechaniker Waldhör die sogenannte Stoß- und Hochsprungmaschine für die Seidenbandweberei, welche damals in Wien in hoher Blüte stand. Diese Maschine zeigte bereits die mit jeder einzelnen Platine verbundene horizontale Nadel, welche in zwei Reihen möglichst eng aneinander liegend in Vertiefungen der früher erwähnten

Trommel eintreten konnten, so daß die Nasen der zugehörigen Platinen von einem Fangbrette erfaßt und aufgehoben werden konnten.

Nachdem die von Vaucanson erfundene Maschine mit der von Waldhör große Ähnlichkeit zeigt und als Vorläufer der Jacquardmaschine angesehen werden kann, so sei an der Hand der Fig. 8 dieselbe erklärt. Auf einem als Wagenbahn F über dem Stuhle aufgebauten Bocke B bewegt sich der Trommelwagen W mit den Rollen r. Diese Bewegung der gelochten Trommel MT ist deshalb notwendig, weil die in die Löcher der Trommel eingetretenen Nadeln N_{1-4} jene an der Schaltung hindern. Es wird daher der Wagen beim Niedergang des Fußtrittes und des Zugbandes Z durch Lockerung der Schnur S_1 mit Hilfe des Übergewichtes g_1, der Gabel m und des Anschlages n, weiter durch Spannung der Schnur S_2 und damit verbundenen Aushebung der Klinke K im rechtzeitigen Momente nach links bewegt. Die Mustertrommel MT wird in die strichlierte Stellung gebracht und gleichzeitig vom Schalthaken k'' gedreht und von k' gesperrt. Beim Einfallen der Maschine hingegen lockert sich S_2, Klinke K fällt nach abwärts, S_1 spannt sich, das Ausgleichsgewicht g_2 und der Anschlag mn drückt den Wagen W nach rechts für den Andruck der Trommel an die Nadeln. K hält den Wagen für den Beginn des Maschinaushubes wieder fest. Die Messerbank M faßt mit den Messerstäben 1—4 die von den Nadeln und der Trommel eingestellten Platinen am Kopfende. Das Nadelführungsbrett NB und das Stiftgehäuse NK dient für die geregelte Horizontalbewegung der Nadeln. Der Anschlag i begrenzt die Hubbewegung des Wagens bei der Stellschraube x.

Wir sehen an dieser Maschine die Verwendung von mehr als einer Reihe Platinen mit ebensovielen Nadelreihen, wodurch die Zahl derselben vervielfacht wurde.

Die Jacquardmaschine.

Aus den vorangegangenen Erfindungen entwickelte sich die bis jetzt noch einzig dastehende **Jacquardmaschine.** Dieselbe wurde von einem Franzosen **Charles Marie Jacquard** 1805 erfunden, dessen Bild in Fig. 9 wiedergegeben ist. Von armen Eltern abstammend, am 7. Juli 1752 zu Lyon geboren, erlernte er das Buchbinderhandwerk. Nach seines Vaters Tode widmete er sich jedoch der Weberei, suchte Verbesserungen anzubringen, geriet in Schulden und mußte sich in einem Gipsbruche seinen Lebensunterhalt verdienen. Später widmete er sich der militärischen Laufbahn und beteiligte sich an der Revolution. Im Jahre 1799 beschäftigte er sich wieder mit der Weberei und brachte die **Latzenzugmaschine** zustande. Darauf erhielt er den Preis von 3000 Franks und die goldene Medaille. Im Konservatorium der Künste (Museum) fand er die Webereimaschine von Vaucanson, benutzte die Reihenanordnung der Platinen als Grundlage, fügte das Kartenprisma hinzu und schaffte dadurch ein einfaches und leicht bewegbares Werk, die sogenannte Jacquardmaschine. Anfangs verspottet, verhöhnt und verfolgt, verbrannte man sogar öffentlich seine Maschinen und Modelle. Doch später trat das umgekehrte ein. Er erhielt eine jährliche Pension von 3000 Franks. Die Weber von Lyon gaben ihm eine öffentliche Ehrenerklärung und die Regierung das Kreuz der Ehrenlegion. Er starb am 7. August 1834 im Alter von 82 Jahren. Es gingen damals mehr als 3000 seiner Maschinen und schon sechs Jahre später errichtete man ihm ein bronzenes Standbild.

Fig. 9.

Das Werk Jacquards kann als eine der hochbedeutsamsten und nutzbringendsten Erfindungen des 19. Jahrhunderts angesehen werden. Es ist die Frucht eines langen, arbeitsreichen und entbehrungsvollen Lebens. Weder materielle Hilfsmittel noch wissenschaftliche Bildung standen Jacquard zu Gebote; unbeugsame Entschlossenheit und zähe Ausdauer nur konnten die unbeschreibbaren Widerwärtigkeiten, welche er zu erdulden hatte, überwinden. Der Gedanke, den Webern ein menschenwürdigeres Dasein zu schaffen, war die Triebfeder seiner rastlosen Arbeit. Und es ist ihm gelungen.

Diese Erfindung ist nicht ohne Einfluß auf die weitere Entwicklung der Weberei geblieben, indem sie in derselben die Musterweberei in beinahe unbeschränkte Grenzen ausdehnte. Und das erreichte Jacquard, indem er die

Reihenanordnung der Platinen und Nadeln der Vaucansonschen unbenutzten Maschine beibehielt und statt der unpraktischen Trommel die Papierkarten von Falcon über dem von ihm erfundenen Prisma anwendete. Das automatisch leicht und sicher arbeitende Prisma kennzeichnet seine Erfindung ganz besonders und wird seither auch für Schaftmaschinen allgemein angewendet.

Die Maschine wird nach der Anzahl Platinen, welche sie enthält, benannt; so spricht man von einer 200er, 300er, 400er bis 1200er usw. und versteht darunter, daß z. B. eine 400er Maschine 400 Platinen enthält. (Ausnahmen hievon machen die Doppelmaschinen, bei welchen jede Nadel zwei Platinen faßt und daher eine 600er Maschine nur 600 Nadeln, aber 1200 Platinen zählt, was jedoch nicht zur Vergrößerung des Musters dient.

Die Bauart der Jacquardmaschine.

Im allgemeinen sind bei derselben folgende Bestandteile und Bewegungsmechanismen zu unterscheiden:

1. Der **Aufbau** mit dem **Platinenboden.**
2. Die **Platinen.**
3. Die **Nadeln** mit **Nadelbrett, Federn** und **Federkasten.**
4. Der **Messerkasten** mit **Hebel** und **Preßrolle.**
5. Die **Lade** mit **Kulisse.**
6. Das **Prisma** mit **Sperrvorrichtung** und **Wendehaken.**
7. Die **Karten.**
8. Die **Schnurvorrichtung.**

Der Konstruktion nach unterscheidet man hölzerne und eiserne Jacquardmaschinen für Hand- und mechanische Weberei. Jede derselben besitzt ihre Vorzüge und Nachteile; hölzerne sind billiger und arbeiten selbst bei wenig sorgfältiger Behandlung gut. Bei Temperaturwechsel schwindet jedoch das Holz; eiserne sind dauerhafter, doch sind auch auf mechanischen Stühlen hölzerne Jacquards im Gange. Außerdem baut man Maschinen für Hoch- und Tieffach; letztere gewöhnlich auch für Schrägfach und Doppelhubmaschinen für schnellgehende Stühle usw.

Der Grundgedanke ist bis heute derselbe geblieben, die konstruktive Durchführung aber hat im Laufe der über 100jährigen Verwendung vielfache Abänderungen den Verhältnissen der Erzeugung entsprechend erfahren. Es gibt infolgedessen heute eine große Menge von verschiedenen Jacquardmaschinen.

III. Erklärung der Jacquardmaschine.

Fig. 10.

1. Der Aufbau.

Die Jacquardmaschine wird ebenso wie die Schaftmaschine mit einer Trage am Stuhle festgestellt und mittels eines Hebels H, der mit dem Maschinentritte zusammenhängt, in Tätigkeit gesetzt. Das Gestell derselben besteht aus dem **Platinenboden** PB. Derselbe hat mehrere Reihen Löcher, über welche die Platinen zu stehen kommen. Dieses Brett ist mit zwei vertikalen Seitenteilen MKF und dem Querriegel G verbunden.

2. Die Platinen.

Dieselben sind meistens aus Holz von der Form $P_1 - P_8$. Sie stehen vertikal in Längs- und Querreihen angeordnet, und zwar besitzt eine Längsreihe 50—100 und mehr, eine Querreihe 4—16 Platinen, je nach der Größe der Maschine. Diese Platinen haben am unteren Ende eine Kerbe und eine Bohrung zur Aufnahme der Schnüre, welche durch die Löcher des Platinenbodens gehen. Außerdem sind sie unten abgeschrägt, so daß durch den Zug der Schnüre stets die Nasen der Platinen über die Messer und an diese zu stehen kommen.

Bisweilen besitzen Drahtplatinen in Jacquardmaschi-

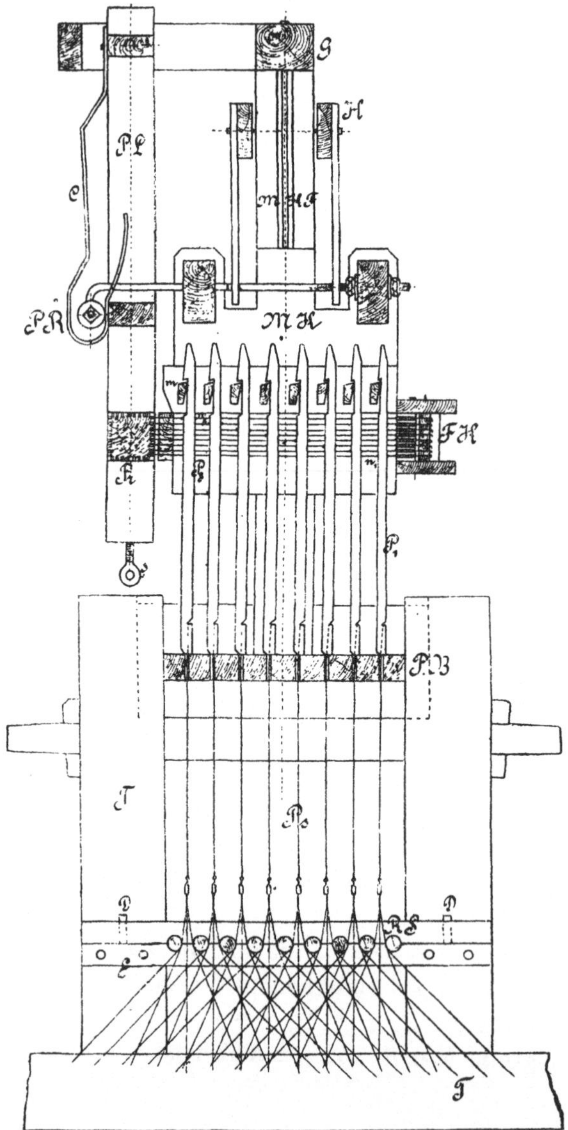

Fig. 10. Vertikalschnitt einer 400er Maschine.

nen für besondere Zwecke, Doppelnasen, Fig. 190, oder obere und untere Nasen Fig. 148, 115; auch reichen sie häufig durch den Platinboden hindurch, Fig. 172, manchmal sind die Nasen gegeneinander gerichtet, Fig. 196, oder die Platinen haben verschiedene Höhe, Fig. 154.

3. Die Nadeln.

Sollen gewisse Platinen P nicht heben, so müssen sie von der Messerkante m, Fig. 11, weggedrückt werden. Dies geschieht durch die Nadeln n.

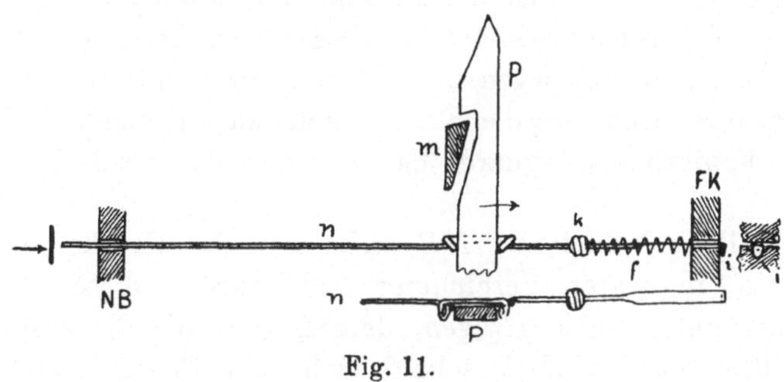

Fig. 11.

Es sind horizontal liegende Drähte, welche wie bei der Schaftmaschine die Platinen beidseitig mit Ösen umschlingen. Jede Platine hat ihre besondere

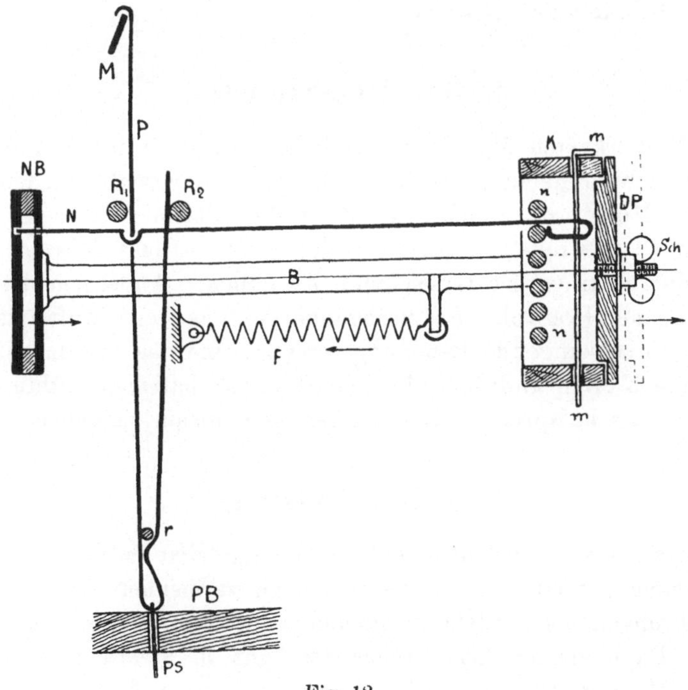

Fig. 12.

Nadel, welche mit ihrem hinteren flachen Ende im Federkasten FK liegt, während sie vorn im Nadelbrette geführt wird. Spiralfederchen F stützen sich einerseits an das Stützbrett des Federkastens, anderseits an eine Verdickung k der Nadel. Hiedurch hat jede Feder das Bestreben, die Nadel nach links zu drücken. Sämtliche Spitzen der Nadeln stecken also im Nadelbrette, aus welchem sie ungefähr 12 mm hervorragen. Drahtplatinen sind oft selbstfedernd, Fig. 12. Drückt man mit einer Vorrichtung einige Nadeln zurück, so werden ihre zugehörigen Platinen von den sich hebenden Messern m nicht ergriffen und die Kettenfäden werden nicht gehoben. Um die aus dem Nadelbrette vorstehenden Nadelenden beim vorzeitigen Wenden des Prismas vor dem Verbiegen zu schützen, ihre unbehinderte leichte Beweglichkeit zu bewahren und die Karten nicht zu zerreißen, wird bei schnellgehenden mechanischen Jacquards das f e d e r n d e N a d e l b r e t t, Fig. 12, angewendet.

Das metallene Nadelbrett NB steht mit der Druckqlatte DP durch den Bolzen B in fester Verbindung und werden diese Teile mit der Feder F stets nach links gezogen, derart, daß die Nadelspitzen in der Nadelbrettplatte verschwinden, sobald sich das Prisma zwecks Wendung wegbewegt. Die Druckplatte DP bringt sämtliche Platinen P in die Grundstellung zurück. Die Stäbe n und die Stifte m im Federkasten führen die beim Andrucke des Prismas bewegten Nadeln, die Roststäbe R_1, R_2 und r halten die Ordnung der Platinen.

4. Der Messerkasten.

Der Messerkasten MK kann durch die Führung MKF und den Fußtritt und Maschinenhebel H vertikal gehoben und gesenkt werden. Er trägt eine Anzahl Messer m, welche der Zahl der Platinen in einer Querreihe entsprechen $=$ Platinenzahl dividiert durch 50. Diese Messer haben die Aufgabe, die Platinen zu fassen und zu heben. Außerdem ist mit dem Messerkasten die Preßrolle PR verbunden, welche beim Aufwärtsgange die Prismalade in schwingende Bewegung versetzt, und das Prisma beim Niedergange an die Nadeln andrückt. Im Messerkasten hat man mithin ein Mittel, die der Bindung entsprechenden Platinen gemeinsam zu heben.

5. Das Prisma.

Es ist aus mehreren Holzteilen zusammengeleimt oder ganz aus Messingteilen zusammengesetzt, um ein Verziehen zu vermeiden; jede Seite enthält so viel Bohrungen als Nadeln vorhanden sind. Zum Verdecken der Löcher dienen die Pappkarten. Das Prisma Pr ruht in Metallagern der Ladenschwingen PL, Fig. 13. Es besitzt ferner auf seinen Seiten hervorstehende

Zapfen, die Warzen, welche die Aufgabe haben, die Karten zu zentrieren und festzuhalten, um sie in gehöriger Lage an die Nadeln einwirken zu lassen. An einem der beiden Enden hat das Prisma einen Vierkant (die **Laterne**), welcher zum Schalten und Sperren dient. Es greift zu diesem Zwecke ein Wendehaken w_2, Fig. 13, in die Rundstifte der Laterne ein, welcher das Prisma um eine Vierteldrehung wendet, sobald sich dasselbe vom Nadelbrette entfernt. Es kommt dadurch eine neue Karte und ein neuer Schuß in vorbereitenden Angriff. Das Prisma muß nach jeder Wendung gesperrt werden und dies geschieht durch einen mit einer Feder gespannten Drücker D, der sich an die Vierkantstifte 1—4 preßt und das Prisma wieder festhält. Außer vierseitigen Prismen finden auch in der mechanischen Weberei solche mit fünf und sechs Seiten Verwendung. Dabei ist das Prinzip der Wendung das gleiche, doch kann letztere auch mit Greifer und Stern erfolgen.

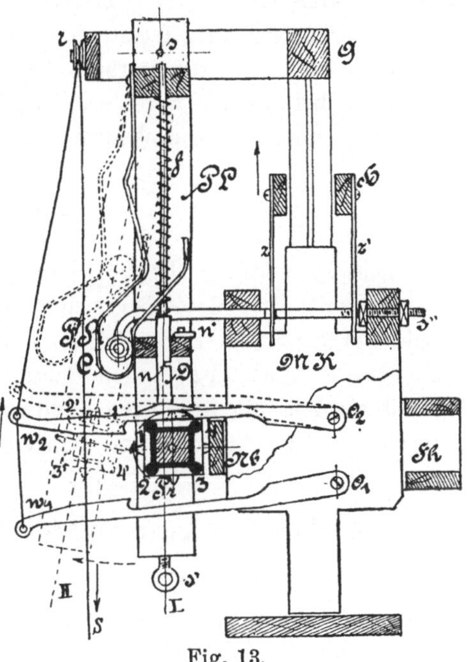

Fig. 13.

6. Die Prismalade, Fig. 13.

Dieselbe ist ein rechteckiger Rahmen, in dessen unterem Teile in stellbaren Lagern das Prisma zu liegen kommt. Die Lade PL ist im oberen Teile des Maschinengestelles drehbar und macht, wenn sich der Messerkasten MK hebt, eine schwingende Bewegung nach auswärts, von I nach II, im entgegengesetzten Falle nach einwärts. Die Bewegung wird eingeleitet durch die **Preßrolle** PR, Fig. 13, und übertragen auf die Kulisse C. Durch eine Schraube s'' kann die Preßrolle dem Messerkasten näher oder entfernter gebracht werden, so daß der Druck des Prismas auf die Nadeln bei Nb dem Erfordernisse für den Abdruck der Platinennasen von den Messern angepaßt wird.

Die richtige Lage des Prismas zu den hervorstehenden Nadelenden ist ein Haupterfordernis einer guten, fehlerlosen Arbeitsweise. Man kann daher sowohl die Zapfenlager höher oder tiefer mittels Stellschrauben s' einstellen, als auch die ganze Prismalade mittels der oberen Lagerkernschrauben s in horizontaler Richtung nach vorn oder rückwärts mehr oder weniger ändern. Der Vergleich über die Richtigkeit erfolgt mit Farbtupfen auf den Nadelspitzen.

7. Der Antrieb.

Die Bewegung des Messerkastens und der Prismalade erfolgt bei dem gewöhnlichen Handstuhle in gleicher Weise wie bei der Schaftmaschine durch den Fuß des Webers. Zu diesem Zwecke werden an den Preßrollenbolzen zwei Zugbänder ZZ' aufgeschoben und an den gegabelten Maschinhebel H eingehängt, welcher im Gestellteile G seinen Drehpunkt hat. Das äußere längere Ende wird mit einer starken Schnur mit dem Fußtritte verbunden. Der Weber tritt, behutsam beginnend, auf den Tritt, so daß sich der Messerkasten aufwärtssteigend bewegt und letzterer die weiteren Bewegungsnotwendigkeiten veranlaßt, welche der Weber, mit Bezug auf deren richtige Arbeitsweise, mit dem Gehöre kontrolliert. Das Einfallen erfolgt freifallend, mit dem Fuße sanft entgegenwirkend.

8. Die Karten.

Dieselben bilden die körperliche Umformung der Musterzeichnung und dienen unmittelbar der praktischen Ausführung. Sie sind meist aus Pappendeckel hergestellt und werden, dem Muster entsprechend, auf einer **Schlagmaschine** gelocht. Für jeden Schuß muß eine Karte vorhanden sein. Die Karten werden mit Schnüren aneinander geheftet, zu einer endlossen Kette vereinigt, welche durch einen Kartenlauf geordnet erhalten wird.

9. Die Wirkungsweise der Jacquardmaschine.

Denken wir uns in der Zeichnung den Messerkasten ohne Platinen gehoben, so steht das Prisma in der äußersten Stellung links. Die Karte liegt auf der der Maschine zugewendeten Seite des Prismas. Beim Einfallen der Maschine bewegt sich der Messerkasten mit seinen Messern abwärts, das Prisma schlägt an das Nadelbrett gegen die Nadeln, die gelochten Stellen in der Karte lassen die Nadeln in Ruhe und die dazugehörenden Platinen bleiben über den Messern stehen. Die ungelochten Stellen drücken dagegen die Platinen von den Messern weg. Beim Aufwärtsgange werden die mit den Nasen über den Messern befindlichen Platinen mit gehoben, die andern bleiben in ihrer tiefsten Stellung. Es gelangen daher alle Kettenfäden, welche gehoben werden sollen, ins Oberfach. Das Prisma bewegt sich nach links, wendet durch Zurückhalten des oberen Wendehakens um eine Vierteldrehung und stellt für den nächsten Schuß mit Hilfe der Warzen die Karte richtig ein. Dieses Spiel wiederholt sich für jeden Schuß. Der untere Wendehaken dient beim Aushub des oberen zum Rückwärtslaufe der Karten.

10. Stellung einzelner Teile.

Für die ordentliche Aushebung durch die Jacquardmaschine ist vor allem die richtige Stellung des Prismas notwendig. Man betupft die Nadelspitzen mit etwas Farbe (Zinnober) und läßt einfallen. Nach den farbigen Abdrücken auf der Karte ist leicht zu sehen, ob das Prisma höher oder tiefer (durch die Schrauben s, Fig. 13) oder seitswärts (durch Verschiebung der Prismalade) zu stellen ist.

Der Messerkasten trägt den Messerrost, einstellbar in einer Nut. Bei unverdecktem Prisma müssen sämtliche Platinen über den Messern, wie in Fig. 10, mit ihren Nasen 5—6 mm höher als die Lineale stehen. Volle Stellen der Karten müssen an allen Stellen ein vollständiges Zurückdrücken der zugehörigen Platinen von den Messern bewirken, weil sonst falsche Aushebung erfolgt. Die Löcher in der Karte müssen hingegen die Nadeln vollständig unbehindert lassen. Man regelt den Andruck mit der Preßrolle.

Die Preßrolle steht dann richtig, wenn das Prisma soviel beim Anschlag genähert wird, daß ein genügendes Zurückdrängen der Platinen erfolgt. Ist dieses zu stark, so erfolgt nach mehr oder weniger Zeit eine Durchbohrung der Karten mit den Nadelspitzen, wenn zu wenig, so gelangen mehr Platinen, als vorgeschrieben sind, in das Hochfach, was fehlerhafte Aushebung hervorruft.

11. Wartung und Instandhaltung der Jacquardmaschine.

Bei eisernen Maschinen ist die zu verwendende Sorgfalt bedeutend höher und bleibt gewissenhafte Stellung, Ölung und Reinlichkeit aller Teile Hauptsache. Hölzerne verlangen von Zeit zu Zeit eine eingehende Untersuchung. Sobald ein Werfen (Krummwerden) der Platinen wahrgenommen wird, müssen diese durch neue ersetzt werden. Bei schlechtem Einfallen ist nachzusehen, ob Nadeln verbogen wurden, und sind selbe sorgsam gerade zu richten. Bei starker Verbiegung müssen dieselben herausgenommen werden. Schadhafte (tote) Federn bewirken ein schlechtes Ausheben der zugehörigen Platinen und sind durch neue zu ersetzen. Zu ölen sind: das allenfalls vorhandene Messingfutter der Messerkastenführung, die Presse samt Rolle, die Prismazapfen, die Laterne samt Drücker und Wendehaken. Karten, die mit der Zeit schlecht zu werden beginnen, sind rechtzeitig auszubessern oder durch neue zu ersetzen. Abgebrochene Platinnasen, gebrochene oder krumm gewordene Platinen verursachen das Liegenbleiben von Kettfäden, Klemmungen zwischen Nadeln und Platinen oder Nadeln und Führungen lassen Platinen in ausgehobener Stellung. Bei Beobachtung dieser Winke wird ein dauernd sicheres Arbeiten stattfinden.

IV. Die Größen der Jacquardmaschinen.

Man baut Jacquardmaschinen mit **grober** und **feiner Teilung,** ebenso auch mit einer **feinfein** und **feinsten Teilung** (französischer Stich). Die Entfernung von Mitte Loch bis Mitte Loch, d. h. von Nadel zu Nadel, beträgt beiläufig für die grobe Teilung 6·75 *mm,* für die feine 5·75 *mm,* für die feinfeine Teilung 4 *mm* und für die feinste Teilung 3 *mm.*

Außer der abgerundeten Platinzahl nach Hunderten ist außerdem noch eine verfügbare Reservegruppe vorhanden.

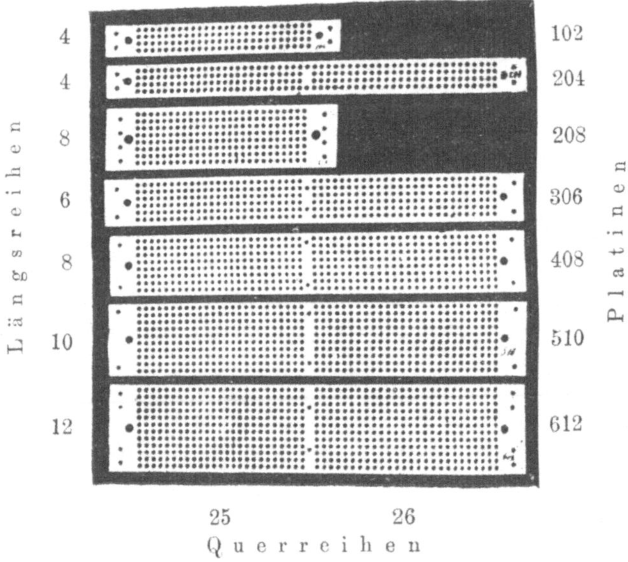

Fig. 14.

Es enthält eine Maschine mit grober Teilung so viel **Reserveplatinen,** als Längsreihen vorhanden sind, oder 2% der Platinenzahl. Demnach enthält:

Eine 100-Maschine 4 Längsreihen mit 104 Platinen
„ 200 „ 4 „ „ 204 „
„ 200 „ 8 „ „ 208 „
„ 300 „ 6 „ „ 306 „
„ 400 „ 8 „ „ 408 „
„ 500 „ 10 „ „ 510 „
„ 600 „ 12 „ „ 612 „

in zwei Gruppen zu 25 und 26 Querreihen.

Die durchaus gelochten Karten für diese Gruppe der gebräuchlichen Maschinen mit grober Teilung sind in Fig. 14 ersichtlich. Man unterscheidet nach dieser Ausführung den sogenannten französischen, Elberfelder, Berliner und Chemnitzer Stich, die in der Teilung etwas abweichen. Die sogenannten 800er Maschinen mit grober Teilung werden durch den Zusammenbau mit zwei 400er erhalten.

Bei den Maschinen mit feiner Teilung Wiener Stich stehen die Nadeln näher; sie enthalten eine größere Anzahl Reserveplatinen, im geringsten Fall 10 % mehr, also:

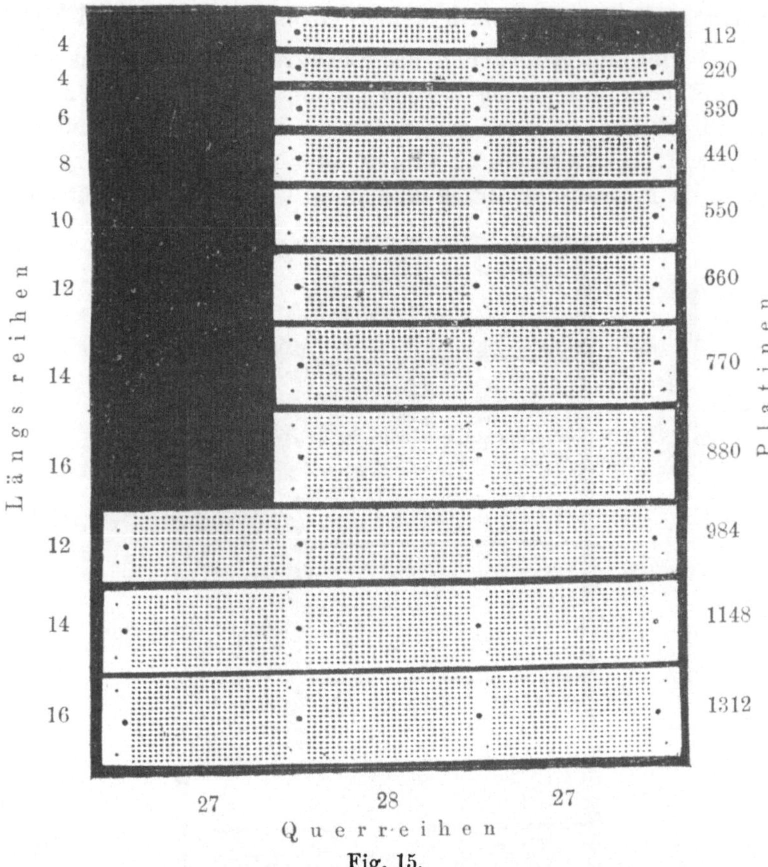

Fig. 15.

Eine 100-Maschine	28 Querreihen,	4 Längsreihen mit	112 Platinen
„ 200 „	55 „	4 „	„ 220 „
„ 300 „	55 „	6 „	„ 330 „
„ 400 „	55 „	8 „	„ 440 „
„ 500 „	55 „	10 „	„ 550 „
„ 600 „	55 „	12 „	„ 660 „
„ 700 „	55 „	14 „	„ 770 „
„ 800 „	55 „	16 „	„ 880 „

in zwei Gruppen zu 28 + 27 Querreihen.

Eine   900-Maschine 82 Querreihen, 12 Längsreihen mit 984 Platinen
„ 1000   „   82   „   14   „   „ 1148   „
„ 1200   „   82   „   16   „   „ 1312   „
in drei Gruppen zu 27 + 28 + 27 Querreihen.

Eine 1600-Maschine 110 Querreihen, 16 Längsreihen mit 1760 Platinen
„ 2000   „   164   „   14   „   „ 2296   „
in zusammengebauten Maschinen halber Größe (2×800er und 2×1000er).

Fig. 15 gibt die Anordnung der Lochgruppen dieser Maschinen.

Die größeren Maschinen werden geteilt, das Prisma für zwei Kartenläufe unterbrochen oder sogar getrennt in zwei sogenannte zusammengebaute Maschinen, um einesteils ein zu großes oder breites Prisma zu vermeiden, andernteils die Messer vor Bruch und dem Verziehen zu schützen.

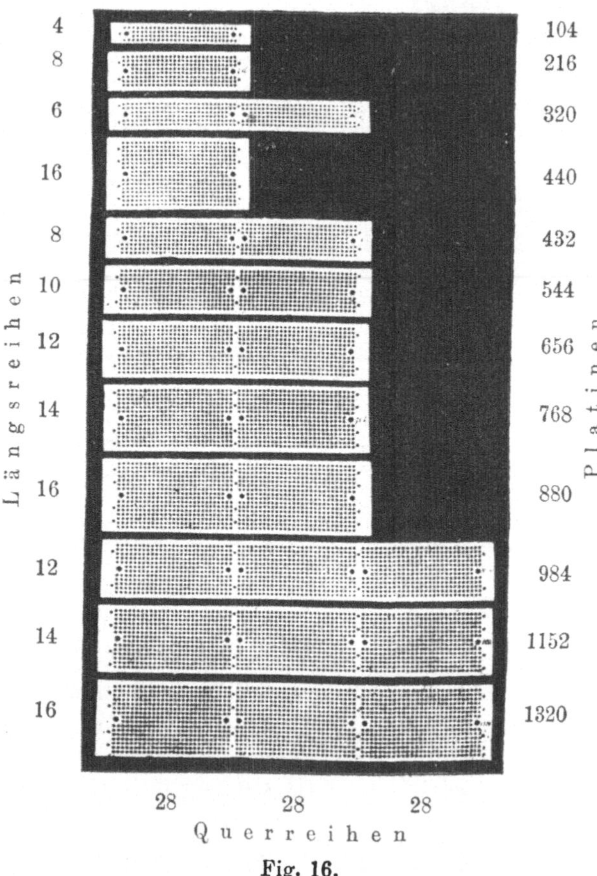

Fig. 16.

Bei der **Lacasse**-Maschine (französisches System) mit dem sogenannten Vincenzi- oder Schröer-Stich sind die Platinen auf einen 0·7 großen

Raum der Maschine mit feiner Teilung zusammengebaut und enthält, Fig. 16,

eine	100-Maschine	28 Querreihen,	4 Längsreihen mit	104 Platinen
„	200 „	28 „	8 „ „	216 „
„	300 „	56 „	6 „ „	320 „
„	400 „	28 „	16 „ „	440 „
		56 „	8 „ „	432 „
„	500 „	56 „	10 „ „	544 „
„	600 „	56 „	12 „ „	656 „
„	700 „	56 „	14 „ „	768 „
„	800 „	56 „	16 „ „	880 „

in zwei Gruppen zu 28 + 28 Querreihen;

eine	900-Maschine	84 Querreihen,	12 Längsreihen mit	984 Platinen
„	1000 „	84 „	14 „ „	1152 „
„	1200 „	84 „	16 „ „	1320 „

in drei Gruppen zu 28 + 28 + 28 Querreihen;

eine	1600-Maschine	112 Querreihen,	16 Längsreihen mit	1760 Platinen
„	2000 „	140 „	16 „ „	2208 „
„	2500 „	168 „	16 „ „	2656 „
„	4000 „	2 × 140 „	16 „ „	4416 „

in vier Gruppen zu je 28 Querreihen.

Jeder Warenzapfen nimmt vier Loch in Anspruch.

Betrachtet man eine beliebige Jacquardkarte beziehungsweise ein Jacquardprisma bei rechter Hand liegender Sperrvorrichtung, so sind vor allem alle Löcher in Längs- und Querreihen angeordnet und die Reihenfolge der Löcher ist in der Regel so, daß linker Hand sowohl in der ersten Längsreihe (oben) als auch oben in der ersten Querreihe links das erste Loch (= 1. Nadel = 1. Platine) angenommen wird. Das zweite Loch (= 2. Nadel = 2. Platine) ist das erste der zweiten Längsreihe in derselben ersten Querreihe. Jedes weitere Loch wird in derselben Querreihe nach abwärts zu weiter gezählt, bis die erste Querreihe beendet ist, worauf in der zweiten Querreihe wieder von oben fortgesetzt und nach abwärts weiter gezählt wird und so fort bis zur letzten rechter Hand liegenden Querreihe, so daß das letzte Loch am Prisma und auf der Karte rechts unten sich findet. Diese Anordnung rührt von der üblichen Nadelbeschnürung der Maschine her.

Betrachtet man nämlich eine Jacquardmaschine mit linker Hand liegenden Prisma von vorn (d. i. vom Stande des Webers aus), so befindet sich die erste Platine rechts hinten in der ersten Platinenreihe rechts, woselbst die unterste Nadel diese Platine umfaßt und daher vom Messer

bei ungelochter Stelle der Karte abdrückt. Die weitere Platinen- und Nadelbeschnürung schreitet dann von rechts nach links und von unten nach oben
fort, so daß schließlich die hinterste linke Platine mit der obersten Nadel
in Zusammenhang steht. Die erste Nadelreihe ist daher im Nadelbrette die
unterste an jener Stelle, wo die am Prisma aufliegende Karte ihre erste
Längsreihe an das Nadelbrett andrückt.

Diese normierte Nadel-Platinenverbindung gilt als Regel und nach
ihr richtet sich immer die Anhängefolge der Beschnürung.

Bei der feinfeinen Teilung der Maschinen (Lacane) entfallen jene vier
Platinen, deren Nadeln durch die Wärzenlöcher der Karten ausfallen. Beim
Zählen, Kartenschlagen und Beschnüren müssen daher diese Stellen der
mittleren beiden Längsreihen einfach übergangen, d. h. ausgelassen werden.

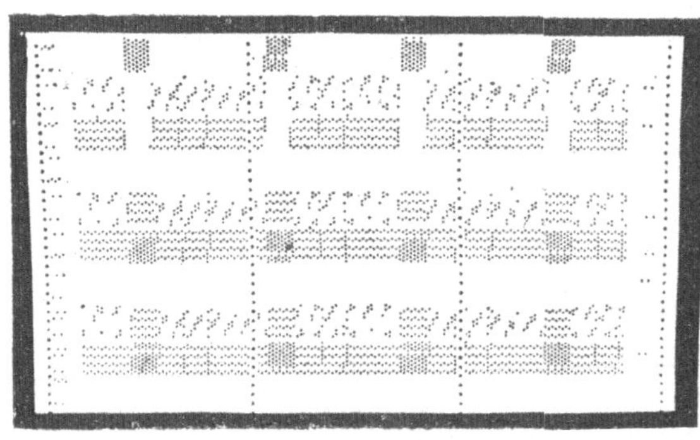

Fig. 16a.

Fig. 16a zeigt ein Kartenband des französischen Maschinensystems.

Bei diesen Maschinen mit feinster Teilung, **J. Verdol,** stehen die geraden
Querreihen um 2·598 *mm* Teilung im Diagonal versetzt, während die Längsreihen 3 *mm* Abstand haben sowie durch die Diagonalteilung 3 *mm* beträgt.
Die Karten sind ein endloses Papier, dessen Preis nach Metern zu berechnen
ist und die Kartenkosten wesentlich niedriger stellen.

Eine   600-Maschine enthält   672 Platinen
  „   800   „   _   „   896   „
  „   1200   „   „   1344   „
  „   1600   „   „   1792   „

Derartige Maschinen sind aus Eisen konstruiert und die Hebung erfolgt
auf Handstühlen mit Schnurrollen auf einer horizontalen Welle über der
Maschine.

V. Weitere Erfordernisse der Jacquardweberei.

Zu diesen gehören: Die **Platinenschnüre**, die **Karabiner**, die **Stellung der Jacquardmaschine**, der **Rost**, die **Hebeschnüre**, das **Schnurbrett**, die **Helfen** und die **Anhängeeisen**.

1. Die Platinschnur.

Dieselbe ist ungefähr 60 *cm* lang und wird doppelt an den unteren Teil der Platine geschlungen, hierauf durch das Loch des Platinenbodens gezogen, so daß sie ungefähr 20—25 *cm* unterhalb desselben herabreicht.

Gewöhnlich werden die Jacquardmaschinen bereits mit den Platinschnüren inklusive den Karabinern versehen geliefert.

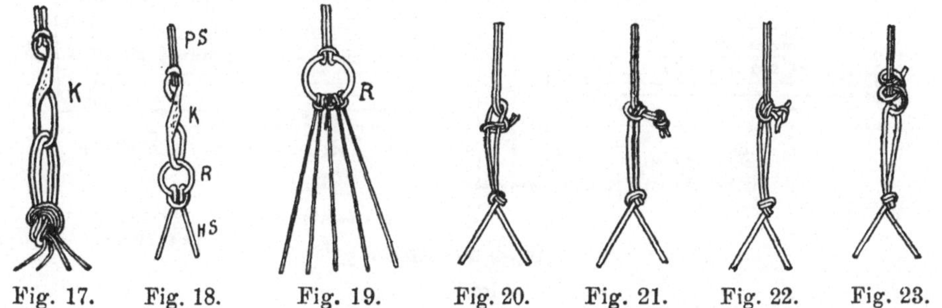

Fig. 17. Fig. 18. Fig. 19. Fig. 20. Fig. 21. Fig. 22. Fig. 23.

2. Die Karabiner.

Die Karabiner sind Drahthaken, Fig. 17 und 18, welche in die Platinschnur eingeschlungen werden und die gestatten, daß man die Hebeschnüre ebenso leicht als sicher und fest anbringen kann. Nach dem Einhängen der Schnurbündel müssen die Haken sorgfältig zugebogen werden, damit sie nicht während des Hebens andere Nachbarschnüre in die Höhe nehmen und dadurch Fehler im Gewebe verursachen. Man verwendet noch hie und da statt der Karabiner Drahtringe, Fig. 19, oder aber werden die Platinschnüre mit dem Schnurbündel durch verschiedenartig geformte Knoten vereinigt. Derartige Verbindungen sind in den Fig. 20—23 ersichtlich.

3. Die Stellung der Jacquardmaschine mit Bezug auf das Schnurbrett.

In der Handweberei ist gewöhnlich das sogenannte deutsche Beschnürungssystem in Verwendung, welches darin besteht, daß die Längsachse der Jacquardmaschine mit der Kettenrichtung übereinstimmt, demnach mit der

Breitenrichtung des Stuhles parallel verläuft beziehungsweise einen rechten Winkel = 90° mit dem Schnurbrette bildet, wie dies die Fig. 24 im Grundrisse darstellt.

In dieser Lage befindet sich, vom Stande des Webers aus betrachtet, das Prisma zur linken Hand und der Prismakopf mit Vierkant, Drücker und Wendehaken vorn. Das Schnurbrett und die Maschine kreuzen sich unter 90° und fallen die beiden Mittelpunkte gewöhnlich übereinander, so daß auch die vorderen und hinteren Hebeschnüre symmetrisch gleiche Länge erhalten sowie der sonst ungleichmäßig einseitig entstehende Zug der Hebeschnüre auf die Platinen ausgleichender wirkt.

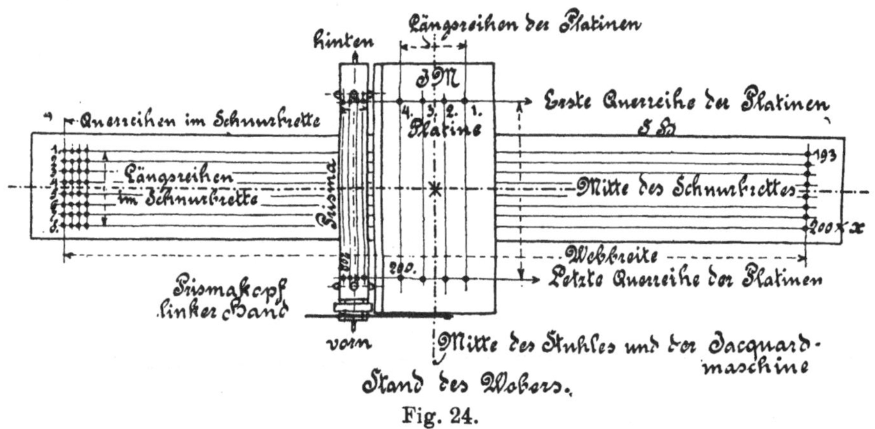

Fig. 24.

Die erste Platine 1 befindet sich demnach dem Weber zur rechten Hand hinten in der ersten Längsreihe, die letzte Platine zur linken Hand vorn in der letzten Längsreihe, während sich das erste Loch im Schnurbrette zur linken Hand hinten in der ersten Quer- und Längsreihe und das letzte Loch im Schnurbrette zur rechten Hand vorn in der letzten Quer- und Längsreihe befindet. Es stimmt demnach auch die Reihenfolge der Kettenfäden mit dem üblichen Fadeneinzuge von links nach rechts und von hinten nach vorn überein, so daß die Musterbildung gleicherweise wie Skizze, Patrone und Gewebebild auf der oberen Schauseite des Gewebes ist und Fehler in der Bindung, Karte, Maschine, Beschnürung und Einzug in der gesetzmäßigen Weise leicht aufgefunden und ausgebessert werden können, was einer einfachen und normalen Arbeitsweise am besten entspricht.

Betrachtet man bei Übereinstimmung der Zahl der Längsreihenplatinen mit der gleichen Zahl Längsreihen im Schnurbrette, so verlaufen alle Hebeschnüre einer Querreihe Platinen zur zugehörigen Lochquerreihe im Schnurbrette zueinander parallel; sie bilden eine windschiefe Ebene, aber auch der ganze Schnürkörper eines Musterteiles besteht aus lauter sich nicht berührenden Einzelschnüren, womit eine Reibung der Schnüre aneinander während der verschiedenen Aushebungen der Jacquardmaschine und ein vorzeitiges Verderben der Schnurvorrichtung vermieden ist. Die Art der Beschnürung, ob geradedurch, spitz oder gemischt, ändert an diesem Erfolge nichts, wenn, wie gesagt, beide Längsreihenzahlen in der Maschine und im Schnurbrette übereinstimmen, welcher Voraussetzung bei der Berechnung der Schnurbrettbohrung nachzukommen ist.

Bei dem sogenannten englischen Beschnürungssystem steht die Jacquardmaschine mit ihrer Längsmittellinie parallel mit dem Schnurbrette (siehe das Kapitel „Die offene oder englische Beschnürung"). Sie kann für Handweberei schon wegen der üblichen Bauart der Maschine mit dem in der Längsrichtung nach vorn herausragenden Maschinhebel nicht in Anwendung kommen und wird deswegen nicht angewendet.

4. Der Rost.

Der Rost *RS*, Fig. 10, ist etwa 25 *cm* vom Platinenboden entfernt. Er besteht aus Holzwalzen, oft auch aus Glasstäben, welche mit dem Prisma parallel laufen und die Längsreihen trennen. Sie sind in einem Brettchen vorn und hinten am Maschinenbocke eingelegt. Die Stäbe haben den Zweck, eine geordnete Führung der Platinenschnur nach Längsreihen herzustellen, die Hebeschnüre zusammenzudrängen und gleichmäßig hohes Fach zu verursachen. Würden diese Stäbe fehlen, dann heben die Schnüre ungleich. Das Oberfach wird gewölbt, indem die äußersten Schnüre links und rechts viel zu wenig heben, Fig. 25.

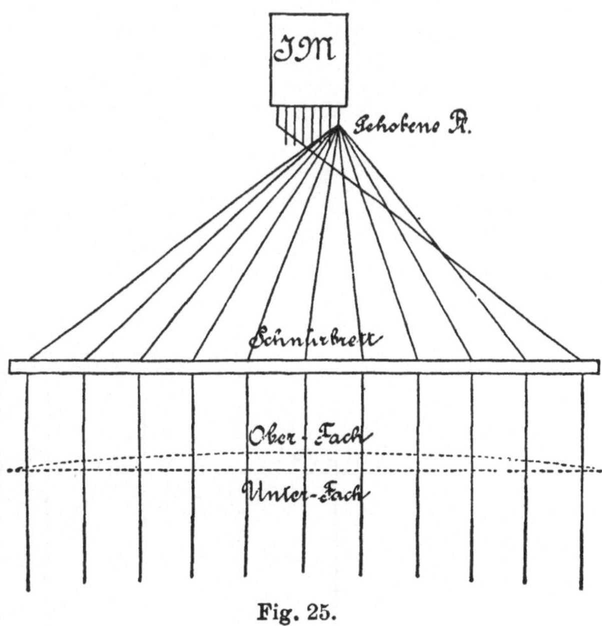

Fig. 25.

5. Die Hebeschnüre.

Die Länge der Schnüre ist abhängig von dem Stande der Maschine über den Knoten der Helfen und von dem äußersten Winkel, welchen sie mit dem Schnurbrette einschließen, Fig. 26 und 27. Sie werden daher nach der Länge der äußersten Schnur links bestimmt und geschnitten. Die Schnüre selbst müssen gut, haltbar, sehr glatt und knotenfrei sein. Man kann durch starkes Wichsen oder Firnissen sowohl die Haltbarkeit als auch die Selbstdrehung vermindern. Die Gesamtheit der Schnüre an einer Platinenschnur nennt man **Schnurbündel** und die Zahl der Einzelschnüre richtet sich nach

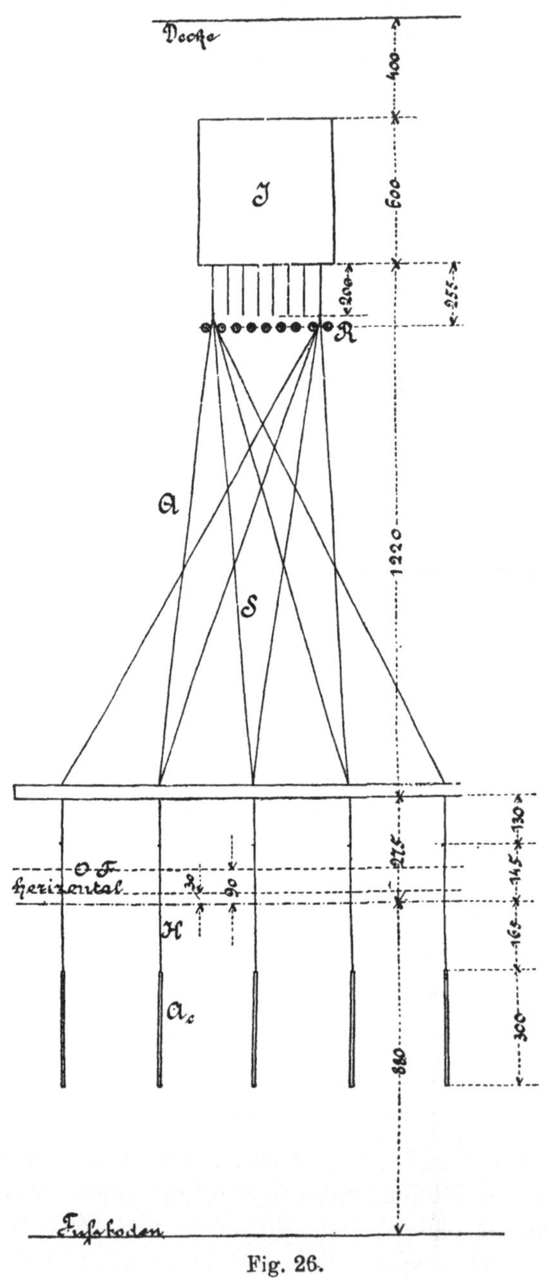

Fig. 26.

der Rapportzahl über die Gewebebreite. Dieselben können in der verschiedensten Weise verbunden werden. Siehe Fig. 28—32.

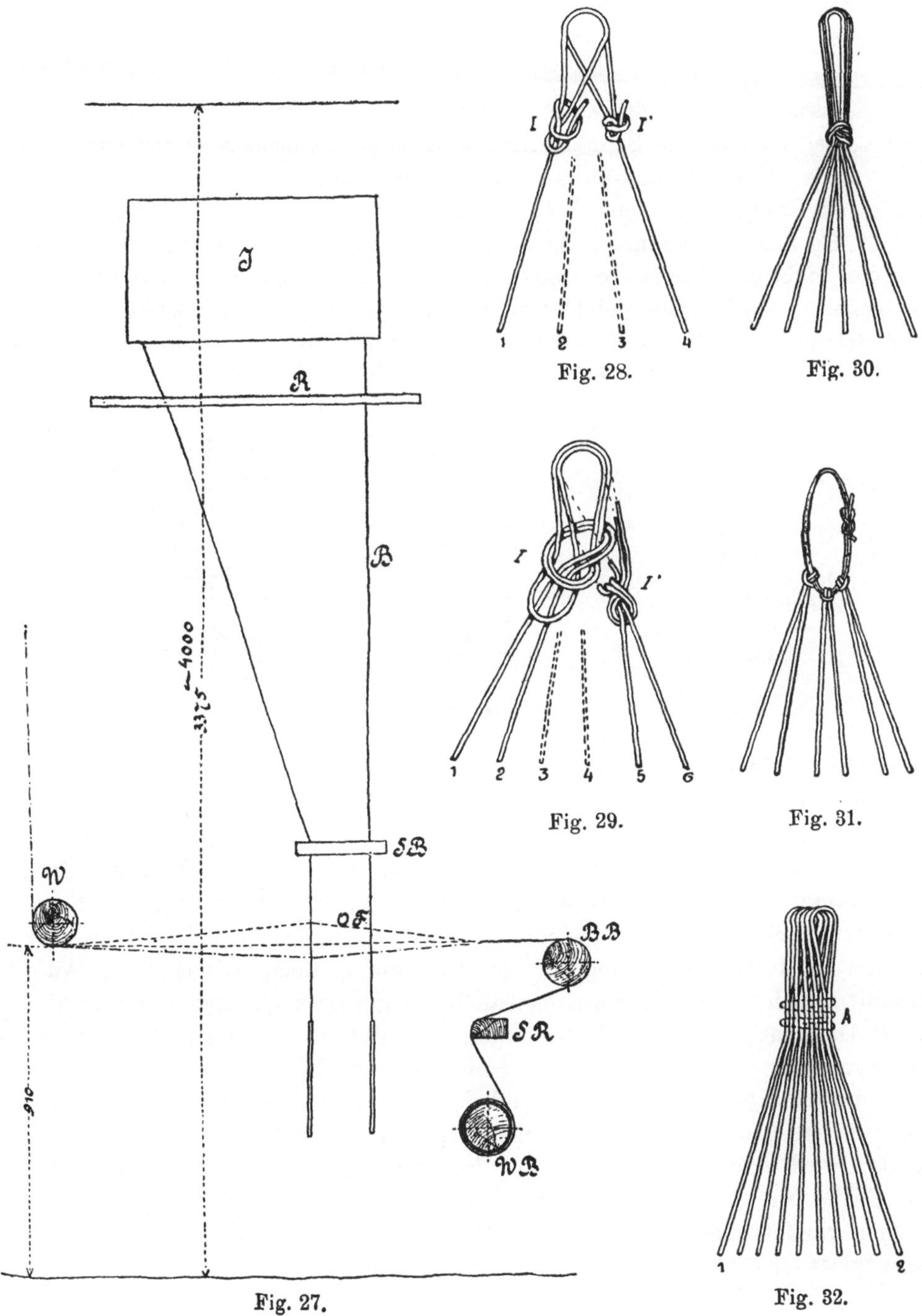

Fig. 27.

Fig. 28.

Fig. 29.

Fig. 30.

Fig. 31.

Fig. 32.

Das störende Drehen der Hebeschnüre bei Temperaturwechsel kann durch Anwendung von geflochtenen Schnüren beseitigt werden.

6. Das Schnurbrett.

Dasselbe vermittelt den Gang der Schnüre mit den Helfen und enthält ebensoviel Löcher, als Schnüre notwendig sind. Es besteht in der Regel aus Ahornholz, seltener aus Porzellan, emailliertem Eisen und Fibre. Im ersten Falle ist es ein Brett, 5—12 *mm* dick, welches über die ganze Breite des Stuhles reicht. Es liegt in einem gefalzten Rahmen, der in den Schnurbretthaltern in der richtigen Höhe so nahe als möglich der äußeren Ladenstellung festgehalten wird. Bei gebildetem Fache hat der Knoten zwischen Helfe und Schnur ungefähr 5—6 *cm* unter dem Schnurbrette zu stehen. Man bohrt in das Brett die Löcher reihenweise je nach der Größe der verwendeten

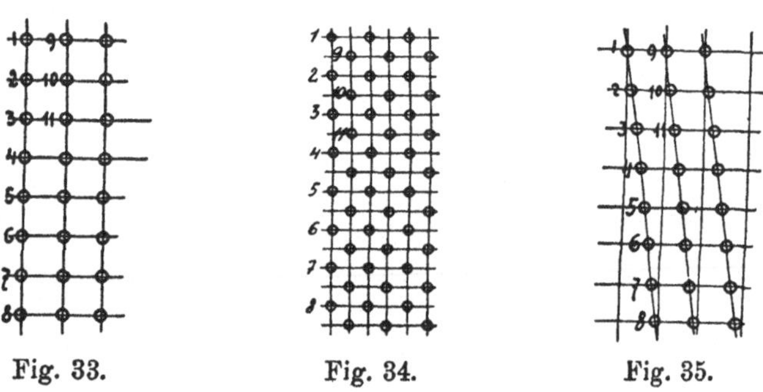

<table>
<tr><td>Fig. 33.</td><td>Fig. 34.</td><td>Fig. 35.</td></tr>
</table>

Maschine und vermeidet dadurch ein allzustarkes Aneinanderreiben der Schnüre. Die Löcher können gerade, Fig. 33, versetzt, Fig. 34, oder in schräger Anordnung, Fig. 35, gebohrt werden. Womöglich soll die Löcherzahl einer Querreihe gleich oder ein Vielfaches sein der Anzahl Längsreihen der Platinen. Wenn das Schnurbrett aus Porzellan ist, so besteht es aus mehreren Stücken, welche gleichfalls in einem Rahmen aneinandergereiht werden. Hiedurch ist es möglich, daß man auf einfache Weise durch Auseinanderschieben der einzelnen Teilstücke in gewissen Grenzen mit verschiedener Dichteneinstellung arbeiten kann. Dasselbe ist aber auch, doch in geringerer Veränderlichkeit, bei dem nichtgeteilten Holzbrette der Fall, wenn man einzelne Querreihen Löcher und Platinen ganz ausläßt, d. h. nicht mit Kettenfäden bezieht. Zum Einziehen der Fäden und zum Schlagen der Karten wird eine hiefür separat angefertigte Aushebekarte verwendet, um Fehler zu vermeiden und die Arbeit zu erleichtern. Die Anzahl der Löcher richtet sich daher nach der Fadeneinstellung und kann man mit Hinweglassung einzelner Reihen auch alte gebrauchte Schnurbretter verwenden. Beim Weben auf Musterstühlen wird häufig die für die Stoffart passende Kettendichte gesucht und dann für den Ausfall festgesetzt. Es ist daher sehr wünschenswert, daß schon der Musterversuch erprobt werde. Dies kann mit den stellbaren Schnurbrettern erfolgen. Es können hiefür zwei Ausführungsarten empfohlen werden.

Bei der ersten Art von Heinrich Leuchter in Aachen, Fig. 36, dem aufklapp- und schiebbaren Schnurbrett, ist das gewöhnliche Hauptschnurbrett S in der Mitte geteilt und mit Stützen SH schräg einstellbar. Die einzelnen Schnurbrettchen sind außerdem mit verschieden breiten Zwischenlagen m, m', m'' zu trennen. Die Wirkung ergibt sich für verschiedene Dichten wie folgt:

Die Stellung SN ist für mittlere normale Dichte mit den schmalsten Zwischenlagen m.

Die Stellung SD mit den ausgewechselten breiteren Zwischenlagen m' ergibt die dichteste Einstellung.

Die Stellung SG auch mit breiteren Zwischenbrettchen m'' ergibt die geringste Dichte der Fäden.

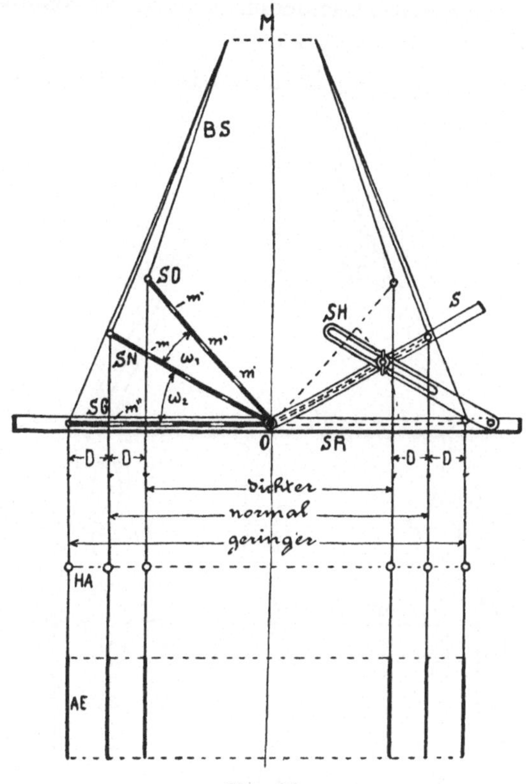

Fig. 36.

Die gleiche Höhenlage der Helfen HA in den beliebigen Stellungen wird dadurch erzielt, daß von der mittleren Normalstellung ausgehend, beim Vergrößern oder Verkleinern des Winkels w_1 oder w_2 die Helfen sich zwar senken, jedoch durch Breiterstellen der Zwischenbrettchen wieder gehoben werden. Die Dichtenveränderung erstreckt sich auf $D =$ ein Viertel der normalen Breite mehr oder weniger.

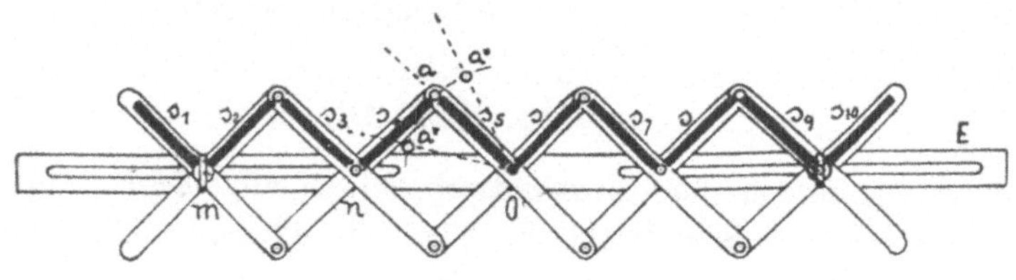

Fig. 37.

Bei der zweiten Art von Hugo Lewohl in Bergamo, dem Scheren-schnurbrett, werden zwei übereinander angeordnete, in der Breitenrichtung stellbare Schnurbretter angewendet. Dieselben bestehen, Fig. 37, aus einer größeren Zahl kleiner Schnurbrettchen, welche nach Art einer Nürnberger-schere sich verschieden a, a', a'' steilstellen und so das ganze Brett ohne Zwischenlagen verkürzen oder verlängern. Der schließlich sich ergebende Stand wird mit Flügelmuttern m am Rahmen E festgehalten. Die Fig. 38 zeigt das Schema dieser Einrichtung, SU ist das untere, SO das obere Scherenschnurbrett.

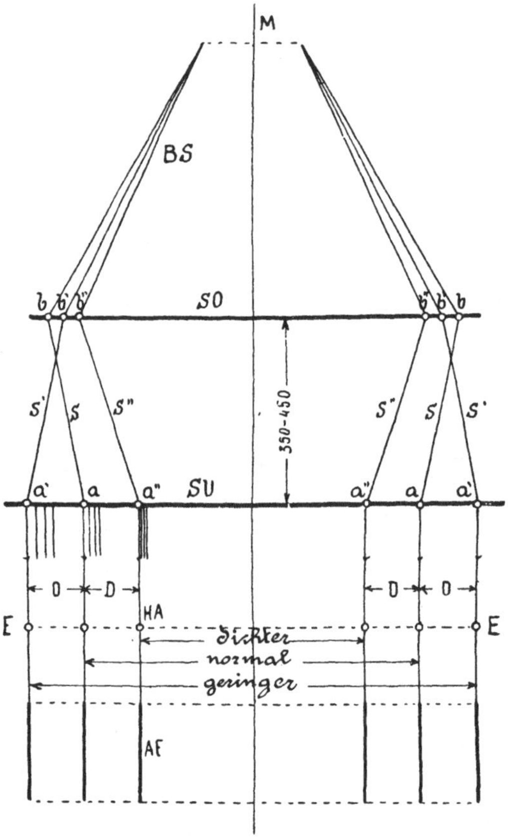

Die Wirkung ergibt sich für verschiedene Dichten wie folgt:

Die Stellung der Schnur ab dient für mittlere normale Dichte.

Die Stellung $a''b''$ ergibt die dichteste Einstellung. Durch Schmälerstellen des Brettes SU heben sich zwar die Helfen HA, durch Verkürzen des Brettes SO jedoch senken sie sich wieder bis zur Ebene E.

Die Stellung $a'b'$ ergibt die geringste Ketteneinstellung. Durch Breiterstellen von SU heben sich zwar die Helfen, durch wenig Verkürzen von SO jedoch senken sie sich wieder. Die Dichtenverän-derung kann bis auf $D =$ ein Drittel der ursprünglichen Breite mehr oder weniger erfolgen, was den gewöhnlichen Bedürfnissen am Musterstuhle vollkommen ent-spricht.

Fig. 38.

Für das Ausgleichen der Helfen nach dem Anhängen derselben an die Schnüre muß in beiden Fällen die Normalstellung ausprobiert und beibehalten werden.

7. Die Helfen.

Man verwendet in der Jacquardweberei im allgemeinen dieselbe Form der Helfen wie in der Schaftweberei. Fig. 39—42 zeigen die verschiedenen Helfen, und haben Helfenaugen aus Draht die Form Fig. 42, aus Glas

Fig. 41, aus Messing oder Stahl Fig. 40 und 39. Helfen nach Fig. 40—42 werden in der Damastweberei verwendet.

In alten Damastwebereien sind noch Helfen mit einem Auge im Gebrauch und man verbindet 3—4 gewöhnliche Helfen mit einer Schleife und diese erst mit der Hebeschnur. Fig. 43.

Fig. 44 zeigt eine Drahthelfe, 45 eine Helfe ohne separatem Auge, 46 eine Helfe mit Fachauge, 47 eine Damasthelfe, 48 eine Dreherhelfe und Fig. 49 eine solche, bei welcher die halbe Helfe aus Roßhaar ist.

Fig. 50 zeigt eine einteilige Patent-Jacquardhelfe von Gagstädten und Sohn in Chemnitz, bei welcher die Helfe mit dem Anhangeisen aus einem Drahtstück besteht. Grob u. Komp. in Horgen (Schweiz) erzeugen Flachdrahthelfen. Als Vorteile werden hingestellt: wenig Reibung der Fäden, kein Aufsetzen möglich und Dauerhaftigkeit.

Bezüglich der Anwendung von Zwirn- oder Drahthelfen ist schon so manches versucht worden. Für Wollketten nimmt man mit Vorliebe Drahthelfen, da das Öl in kurzer Zeit den Zwirn aufweicht und löst. Dagegen tritt der Übelstand auf, daß die Drehung der

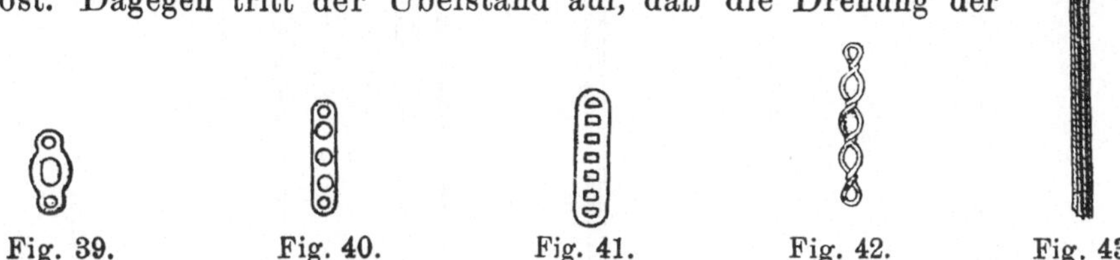

Fig. 39.   Fig. 40.   Fig. 41.   Fig. 42.   Fig. 43.

Hebeschnur sich durch den Draht dem Auge mitteilt und infolgedessen eine größere Fadenabnützung entsteht, was bei Zwirnhelfen entfällt.

Die obere Helfenschnur ist kürzer als die untere, 130—150 *mm* lang und durch eine Schlinge, Fig. 51, mit der Schnur verbunden. An den unteren Helfen, welche 150—170 *mm* lang sind, hängt

8. das Anhangeisen,

welches die Helfe, die Schnur und den Kettenfaden zu spannen hat. Es ist ein Draht von verschiedener Länge und Stärke und von verschiedenem Gewichte, abhängig von der Qualität der Ware, der Kettenspannung und von der Gesamtzahl der Fäden. Man rechnet entweder mit der Zahl der Anhangeisen, die auf 1 *kg* gehen oder nach Lotgewicht des einzelnen, wobei 1 Lot = 17 *g*. Die Länge nimmt man praktisch von 250—350 *mm*.

Was die Wahl der Schwere des Anhangeisens anbelangt, so läßt sich keine genaue Regel feststellen. Wählt man die Eisen zu schwer, so leiden die Hebeschnüre und die Helfen, überdies ist der Kraftaufwand beim Weben unnötig groß. Wählt man sie zu leicht, so entsteht fehlerhafte Ware.

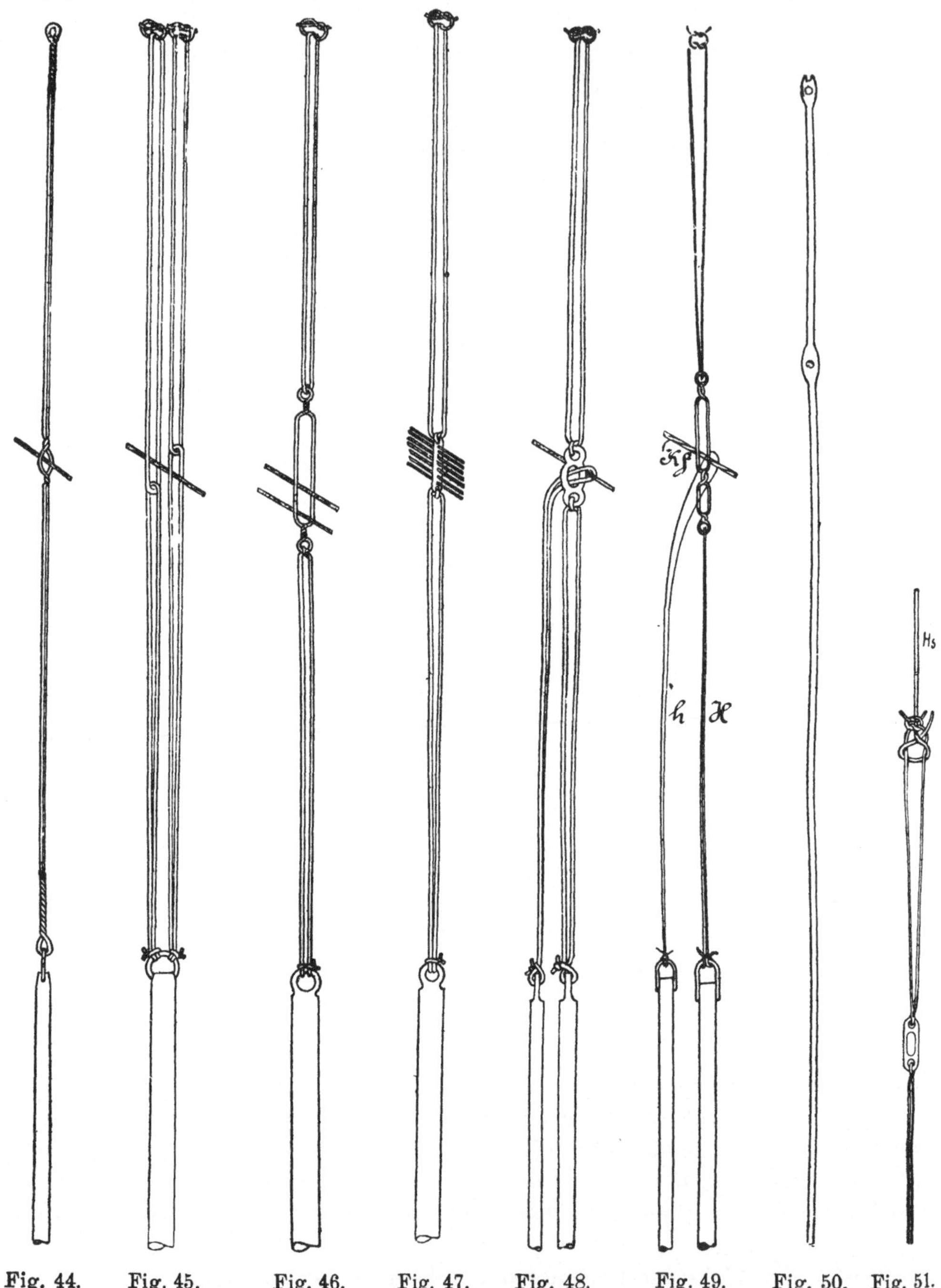

Fig. 44. Fig. 45. Fig. 46. Fig. 47. Fig. 48. Fig. 49. Fig. 50. Fig. 51.

Die Kettenfäden müssen bei richtiger Kettenspannung durch die Helfen-
belastung auch im Unterfache stehen. Folgende Regel kann bei der Wahl
der Anhangeisen zur Richtschnur genommen werden: Man multipliziert die

internationale Garnnummer mit 3, wodurch man die Anzahl der Eisen auf 1 *kg* annähernd erhält.

Folgende Tabelle kann zur Richtschnur genommen werden.

Tabelle über die Wahl der Anhangeisen.

Für Organzinseide Deniers	Baumwollgarn engl. Nr.	Wollgarn int. Nr.	Leinengarn engl. Nr.	Jutegarn engl. Nr.	Anzahl der Anhangeisen auf 1 *kg*	Gewicht eines Anhangeisens in Lot
$^{11}/_{12}$—$^{20}/_{22}$	—	—	—	—	250	$^1/_4$
$^{22}/_{24}$—$^{30}/_{34}$	120—100	—	—	—	180	$^1/_3$
$^{36}/_{40}$—$^{55}/_{60}$	100—40	110—50	120—60	—	125	$^1/_2$
	40—20	50—30	60—30	—	80	$^3/_4$
	20—10	30—20	30—20	—	60	1
	10—6	20—15	20—15	—	50	$1^1/_4$
	6—4	15—10	15—12	—	40	$1^1/_2$
	4—3	10—8	12—10	—	30	2
	3—2	8—6	10—8	12—10	25	$2^1/_2$
		6—5	8—7	10—8·	20	3
		5—4	7—6	8—6	15	4
			6—5	6—5	12	5
			5—4	5—3	10	6
				3—1	8	7
				1—$^1/_4$	5	12

Für die Leistenfäden nimmt man das doppelte Gewicht. Man wählt gewöhnlich für 10 *cm* Beschnürungsbreite einen Anhang von 5 *kg* Gewicht bei mittelschweren Geweben, somit errechnet sich auch das Einzelgewicht eines Anhangeisens, wenn 5000 *g* durch die Helfenzahl (Kettenfäden) pro 10 *cm* Beschnürungsbreite dividiert wird. Z. B.: Wie schwer ist das Anhangeisen zu wählen, wenn 240 Kettenfäden auf 10 *cm* Breite kommen; Gewicht eines Anhangeisens $= \dfrac{5000}{240} = 20{\cdot}8\,g$ und $\dfrac{1000\,g}{20{\cdot}8} = 48$ Stück

K

A

Fig. 52.   Fig. 53.

rund 50 Stück auf 1 *kg* oder $1^1/_4$ lötige Anhangeisen.

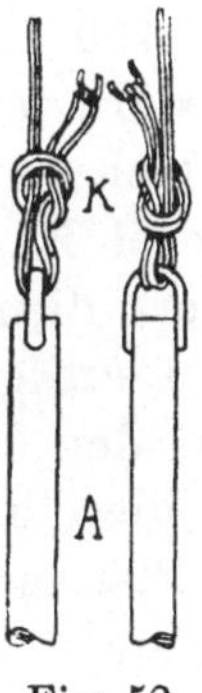

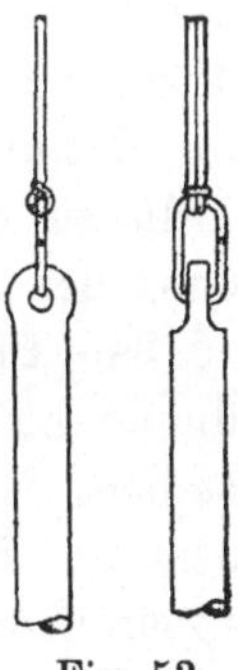

Man schlingt die Helfenschnur unmittelbar an das Anhangeisen oder an einen separaten Drahtring, welcher entweder angelötet ist, Fig. 52, oder erst zum Anhängen des Eisens dient. Fig. 53. Es wird hiedurch eine weniger starke Abnützung der Helfen und ein gerader Zug nach abwärts erreicht.

VI. Über das Wesen der Schnürordnung.

Die Jacquardgewebe weisen mehr oder weniger große Musterrapporte auf, deren Kettenfadenzahl abgerundet ein Vielfaches von 100 ist. Die Zahl der Platinen in der verwendeten Jacquardmaschine nennt man den Maschinrapport. Maschinrapport und Musterrapport ist nicht immer gleichbedeutend. Die Verbindung des Maschinrapports mit den für das Gewebe bedingten Musterrapporten wird durch die Hebeschnüre hergestellt und heißt die **Beschnürung.** Das Gesetzmäßige der Beschnürung, d. i. die genaue Durchführung der Hebeschnurvorrichtung, heißt **Schnürordnung.**

Bevor man die Schnürordnung bestimmt, muß nachgesehen werden, ob die Bindung des Grundes und der durchgängigen Figur des Gewebes, welches man erzeugen will, mit der Platinenzahl in der Jacquardmaschine übereinstimmt, d. h. die Rapportgröße des Musters muß in der dazu verwendeten Platinenzahl enthalten sein. Mit einer voll ausgenützten 400er Maschine kann man jede Bindung weben, deren Rapportzahl ohne Rest enthalten ist. Z. B. Leinwand, 4-, 5-, 8bindigen Köper, 10bindigen Atlas oder Figuren von 20, 25, 40, 50, 80, 100, 200 und 400 Fäden Kettrapportzahl. Hat man aber die Schnurvorrichtung noch nicht fertig und will man eine solche neu einrichten für eine größere Anzahl von Rapporten, bzw. Bindungen, so würde man am besten 384 Platinen verwenden. Denn in 384 sind folgende Rapportzahlen enthalten: 2, 3, 4, 6, 8, 12, 16, 24, 32, 48, 64, 96, 128, 192 und 384. Nimmt man also an, daß z. B. ein Muster über die ganze Breite des Gewebes hergestellt werden soll, und sind hiezu 400 Platinen erforderlich, so muß durch die Beschnürung jeder einzelne Kettenfaden von einer separaten Platine aus durch eine Hebeschnur bewegt werden. Man braucht demnach 400 Hebeschnüre, wenn das Muster einmal vorhanden ist. Soll hingegen das Muster dreimal über die Gewebebreite erscheinen, so wird jede Platine 3 Hebeschnüre zu einem Bündel vereinigt erhalten, welche einzeln zu den drei Rapporten der Ware verlaufen und also zur Wiederholung des Musters dienen und einen Schaft mit 3 Helfen vorstellen. Man wird 396 Platinen anwenden, wenn die Grundbindung 6 ist. Die Schnürordnung hat also den Zweck, Muster bis zur Größe der Platinenzahl herzustellen, ferner dieselben über die Breite des Gewebes zu wiederholen, indem an jede Platinschnur ebensoviele Schnüre angehängt werden, als Rapporte oder Rapportteile erscheinen sollen. Man unterscheidet:

1. Die Schnürordnung für einkettige Gewebe (einkorig).

a) **Grad** für Muster im Gewebe nach Fig. 54.

b) **Spitz** für Muster im Gewebe nach Fig. 55.

c) **Gemischt** für Muster mit teilweise gerader und symmetrischer Wiederholung.

Fig. 54.

Fig. 55.

a) Die Grad-Beschnürung.

Fig. 56 ist grad beschnürt für eine 400er Maschine, von welcher die Platinen 1 bis 352 für den Rapport R_1 viermal geteilt und wiederholt sind. Die übrigen Platinen bilden Rapporte R_2 zu 48 Faden zwischen den früheren. Die Platinen 1 bis 352 erhalten à 4 Schnüre, 353 bis 400 à 8 Schnüre.

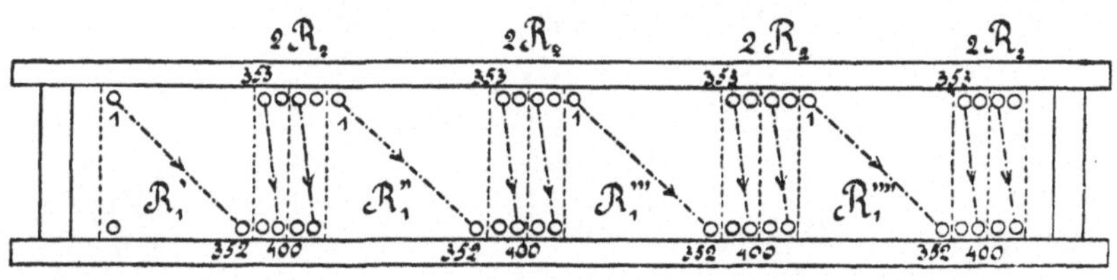

Fig. 56.

Fig. 57 und 58 stellt das Schnurbrett mit der Beschnürung für eine 400er Maschine und vier Rapporten vor. Jede Platine bewegt gleichzeitig vier Schnüre. Die Schnüre der ersten Platine kommen in das Loch 1 des ersten bis vierten Rapportes R_1 bis R_4. Die Schnüre der zweiten Platine kommen in das Loch 2 des ersten bis vierten Rapportes usf. Die Schnüre der 400. Platine in das Loch 400 des ersten bis vierten Rapportes. Die Lage der strichpunktierten Linie zeigt die Art der Wiederholung des Musters. Das Schnurbrett enthält demnach 1600 Löcher und werden diese auch fortlaufend bezeichnet. Jeder Kettenfaden innerhalb des vollständigen Musters zeigt eine andere Bindung.

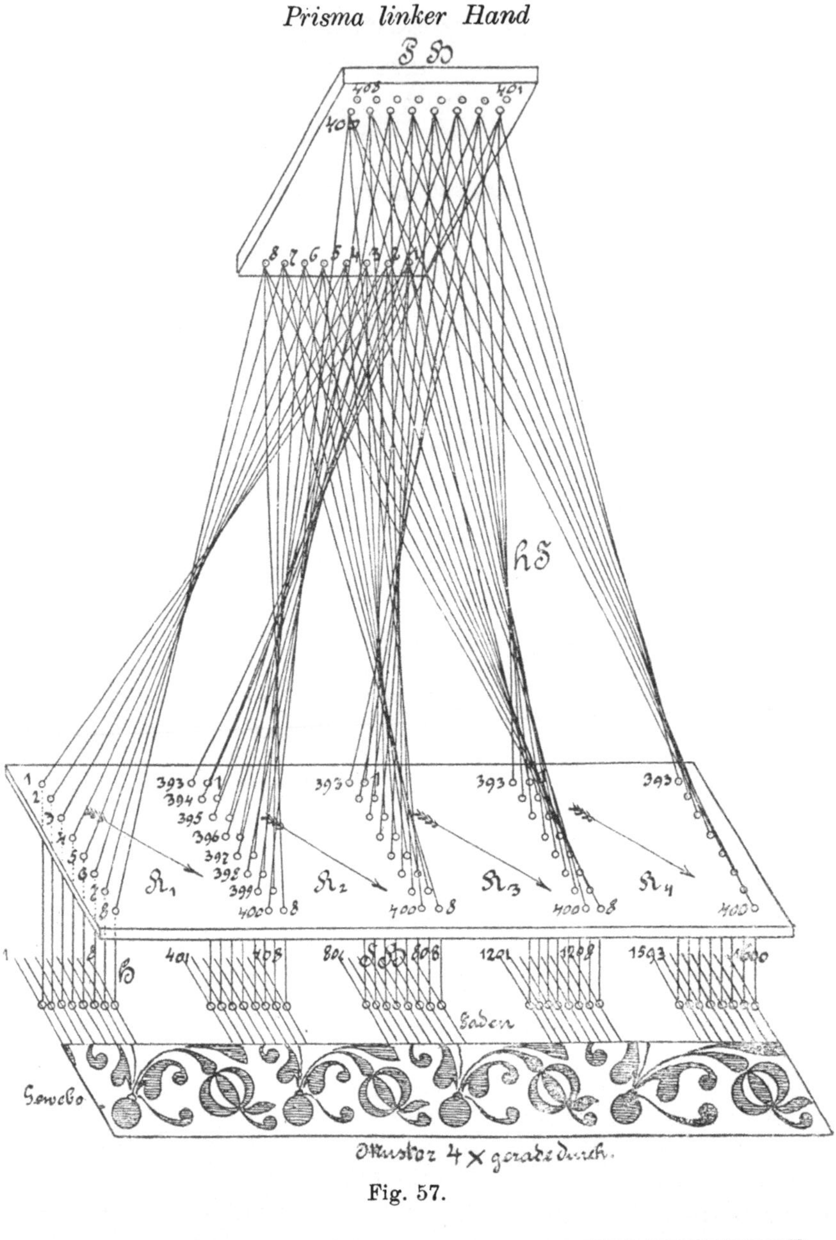

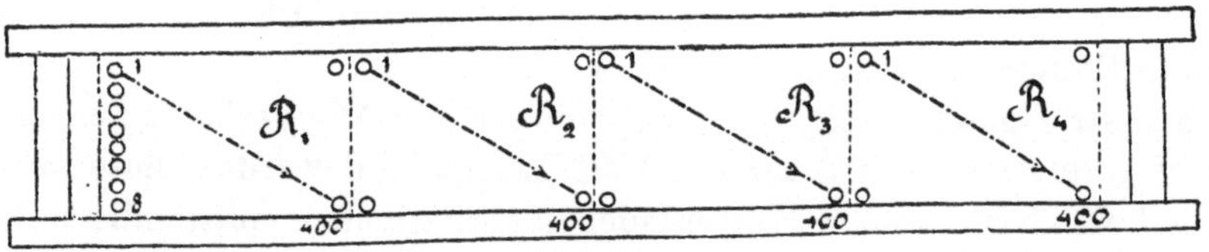

Fig. 57.

Fig. 58.

Prisma linker Hand

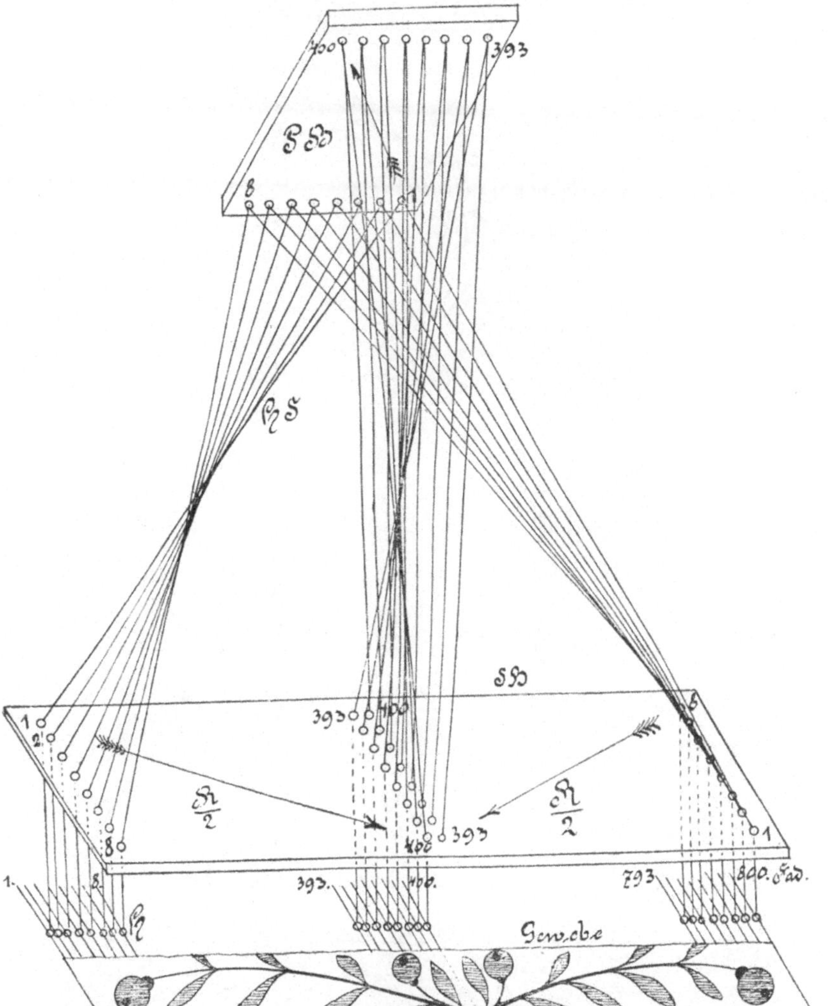

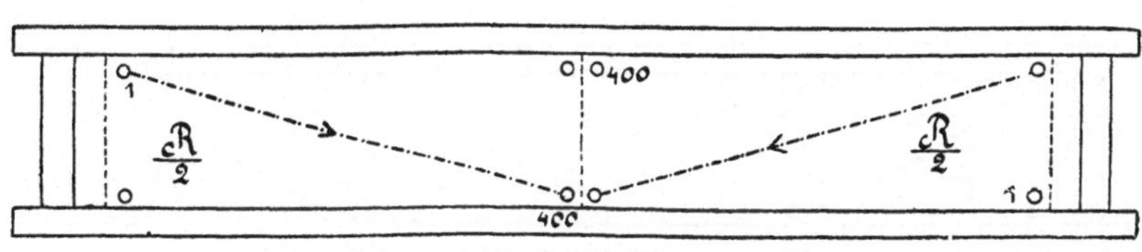

Fig. 59.

Fig. 60.

Prisma linker Hand

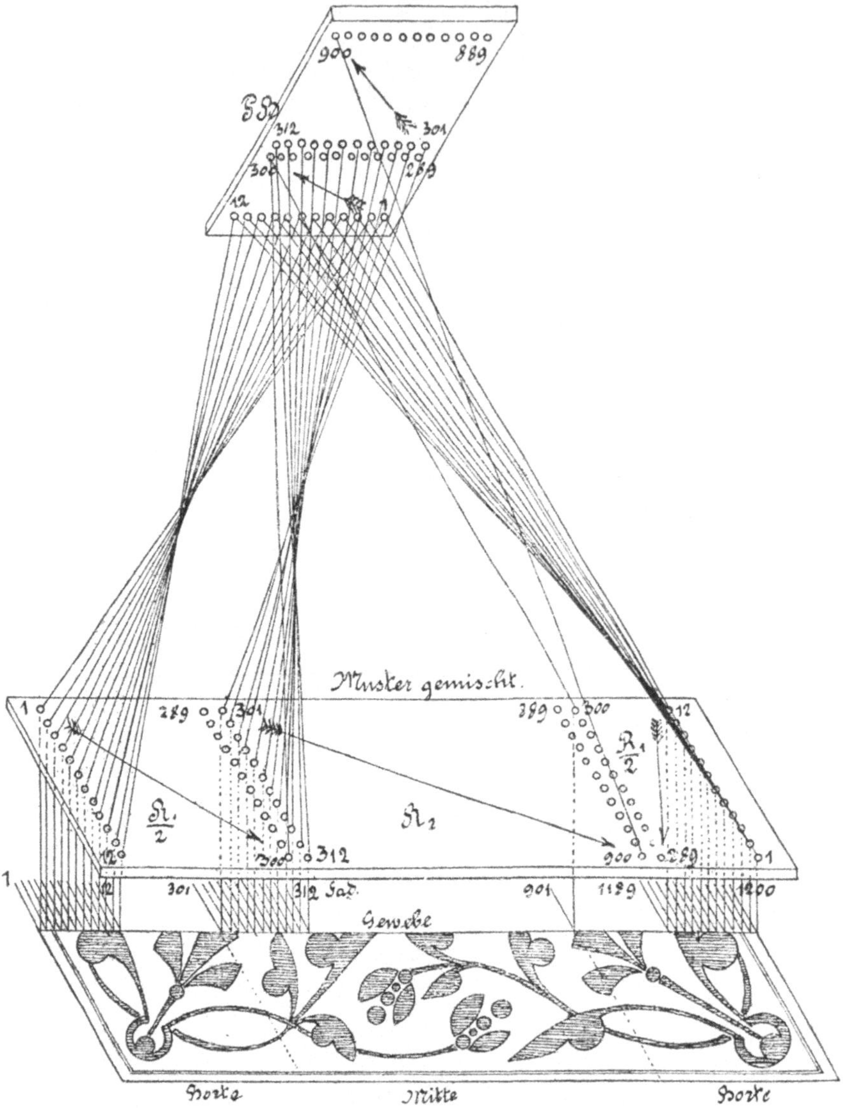

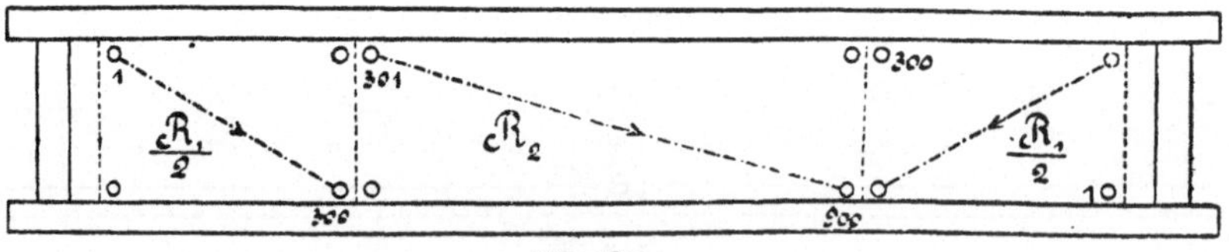

Fig. 61.

Fig. 62.

b) Die Spitz-Beschnürung.

Fig. 59 und 60 zeigt die Beschnürung und Einteilung eines Schnur-brettes, welches zur Herstellung eines symmetrisch angeordneten Musters dient. Der symmetrische Teil verlangt z. B. 400 Platinen respektive Fäden. Das Muster wird durch die Vorrichtungsweise in Spitz auf 800 Platinen beziehungsweise Fäden vergrößert. Jede Platine erhält zwei Schnüre und zeigt das Figurbild des Musters je zwei in gleichen Abständen von der Symmetrielinie gleichartig abbindende Kettfäden.

Das Loch 1 in der rechten Hälfte des Schnurbrettes ist gleichbedeutend mit dem letzten oder 800. Loch. Bei den Spitz-Umbruchstellen wird der sich wiederholende Kettenfaden ausgelassen, also auch nicht beschnürt.

c) Die Gemischt-Beschnürung.

Fig. 61 und 62 dient z. B. für die Erzeugung eines Hand- oder Tisch-tuches und zeigt eine gemischte Schnürordnung. Die Anordnung verlangt eine 1000er oder 900er Maschine. Zur Mitte des Tuches benötigt der Rap-port R_1 die Platinen 301 bis 900 gerade durch, zur Borte R_1 die Platinen 1 bis 300 in Spitz beschnürt, die Platinen 301 bis 900 erhalten à 1 Schnur, die Platinen 1 bis 300 à 2 Schnüre. 900 bis 1048 bleibt leer.

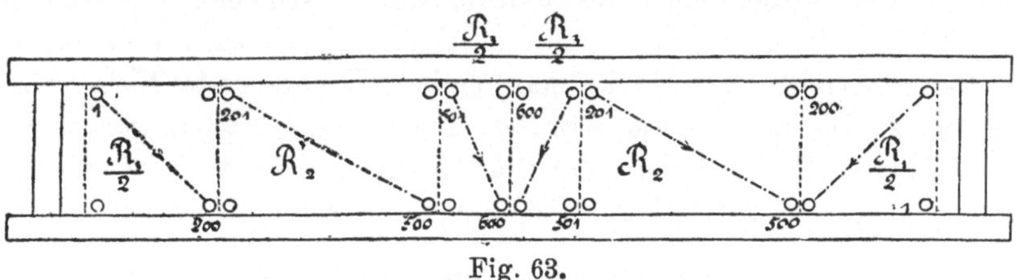

Fig. 63.

Fig. 63 ist für ein Muster bestimmt, welches 600 Platinen verlangt. Man benützt diese Schnürordnung häufig für Handtuchborten. Die Platinen 201 bis 500 sind zweimal gerade durch, die Platinen 501 bis 600 sind in Spitz beschnürt und bilden den Rapport R_3 in der Mitte. Die Platinen 1 bis 200 bilden die Kanten symmetrisch. Jede Platine erhält 2 Schnüre.

2. Die Schnürordnung für mehrkettige Gewebe (mehrkörig).

a) **Grad** für Muster im Gewebe nach Fig. 64.
b) **Spitz** für Muster im Gewebe nach Fig. 65.
c) **Gemischt.**

Gewisse Gewebe verlangen zu ihrer technischen Durchführung die zwei- oder mehrfache Platinenzahl. So z. B. verlangt ein Doppelgewebe die doppelte Platinenzahl, ein dreifaches Gewebe eine dreifache Platinenzahl, entsprechend

42

der oberen, unteren und mittleren Kette. Eine Kettenlinie in der Zeichnung bedeutet zwei bis drei und mehr Platinen. Um nun die Zeichnung nicht auseinandersetzen zu müssen, wie es eigentlich die wirkliche Bindungsweise verlangt, hilft man sich mit einer besonders angeordneten Beschnürung. Man teilt die Maschine in zwei bis drei bis vier **Korps** oder **Gruppen** ein und sagt z. B.: von dieser 800er Maschine gehören die Platinen 1 bis 200 dem ersten Korps an, 201 bis 400 dem zweiten, 401 bis 600 dem dritten

Fig. 64.

und 601 bis 800 dem vierten Korps an, und zieht die Fäden in ebensovielen Gruppen von rückwärts nach vorn in das Schnürbrett ein. Selbstverständlich kann das Korps mehrere Teile gerade durch oder in Spitz enthalten. Damit aber die gleichen Fäden einer Kettenlinie der verschiedenen Korps nebeneinander zu liegen kommen, hilft man sich durch die Einzugsweise der Fäden in die Schnürvorrichtung. Denkt man sich z. B. die erste Kette rot, die zweite schwarz, die dritte blau usw., so müssen die Fäden genau so eingezogen werden. Es muß der rote Faden in die erste Helfe der ersten Gruppe, der erste schwarze Faden in die erste Helfe der zweiten Gruppe,

Fig. 65.

der erste blaue Faden in die erste Helfe der dritten Gruppe nebeneinander eingezogen werden. Ein Gewebe mit mehrkettiger Beschnürung ist z. B. Doppeldamast, oder die Patentborte, der schottische Teppich, der Brüsseler Teppich, das Dreher-Gewebe mit der Steh- und Dreher-Kette, Schußsteppgewebe (Matelassé), Westensteppgewebe u. a.

Fig. 66 und 67 stellt die Beschnürung und das Schnurbrett für ein Gewebe mit zwei Ketten vor. Zu diesem Zweck ist auch das Brett in zwei

Prisma linker Hand
400
II Corps
203
204
201
200
I Corps
5
R'
R''
R'''
R''''
1
1
1
1
J. Corps
200
200
200
200
R'
R''
R'''
R''''
201
201
201
201
II. Corps
400
400
400
400
1
5
401
408
801
808
1201
1208
1600 Faden
Gewebe
Muster mit 2 Corps gerade durch.

Fig. 66.

1
200
1
200
1
200
1
200
I R'
I R''
I R'''
I R''''
201
201
201
201
II R'
400
II R''
400
II R'''
400
II R''''
400

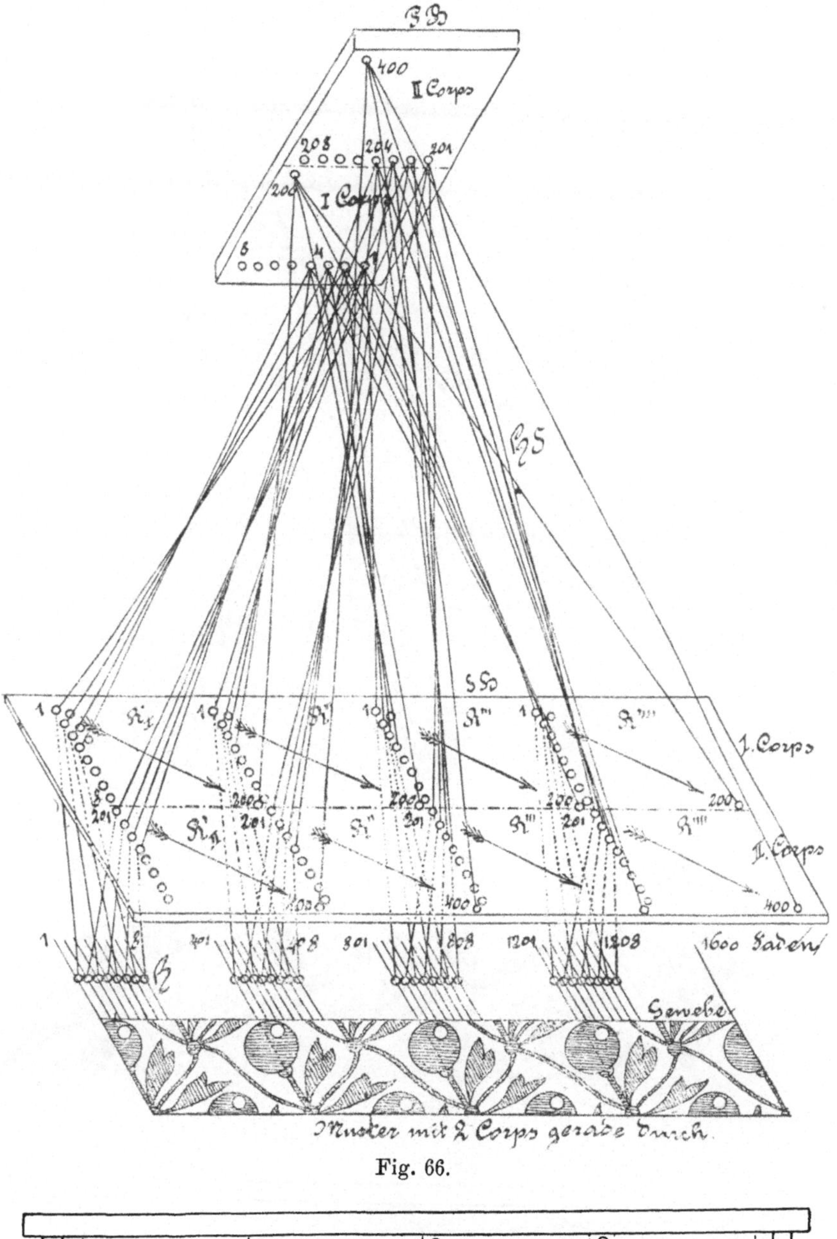

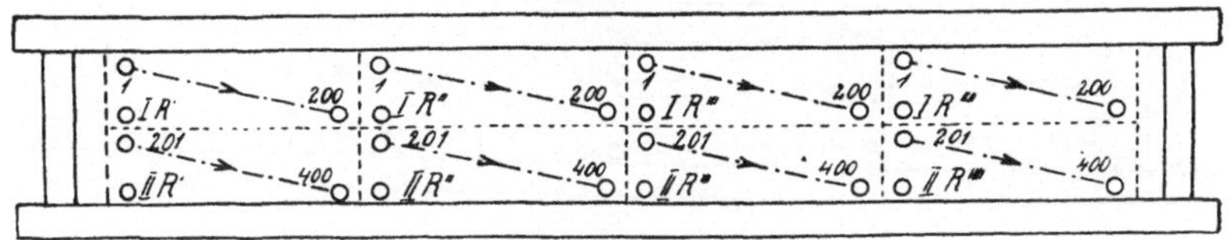

Fig. 67.

Prisma linker Hand

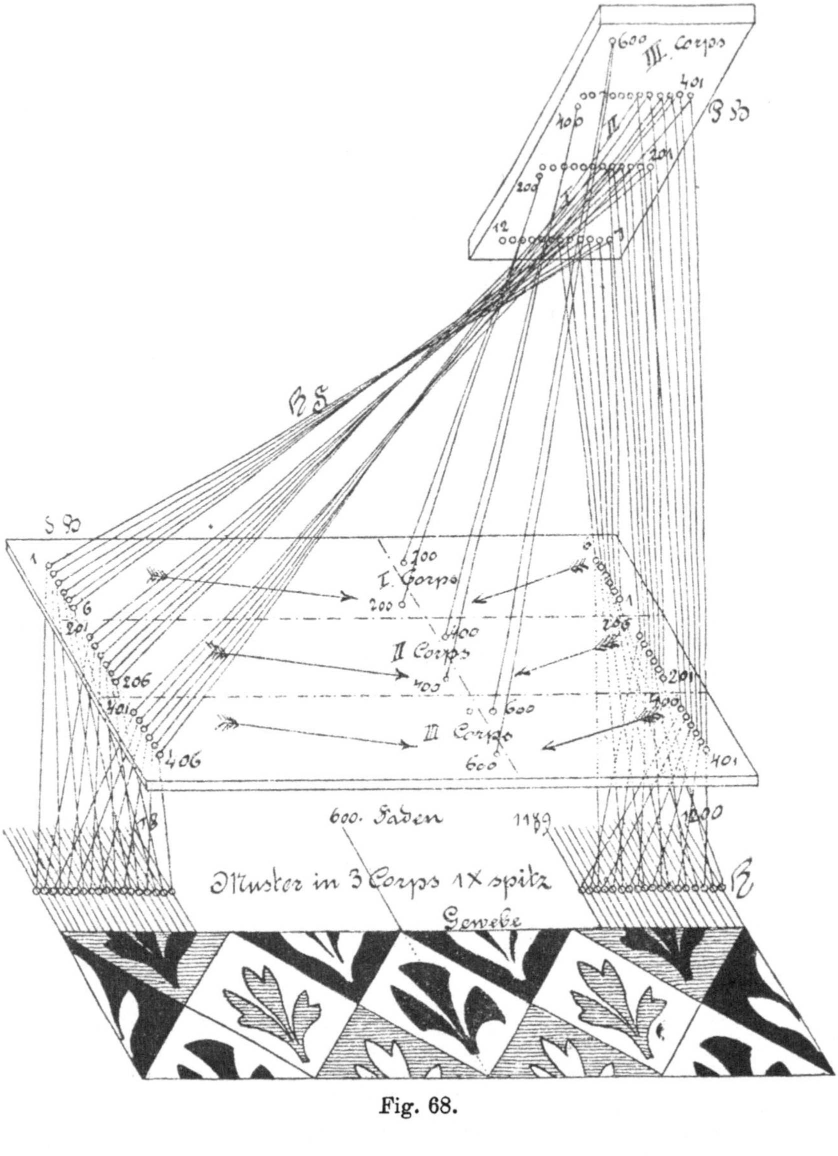

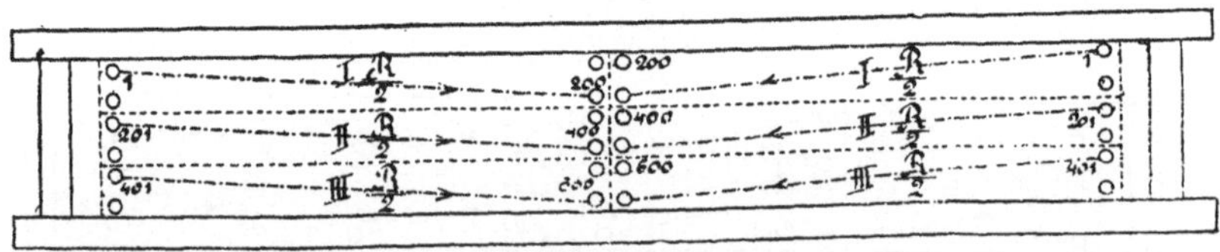

Fig. 68.

Fig. 69.

Gruppen I, II und z. B. vier Teile R' bis R'''' geteilt. Die I. Kette erhält die Platinen 1 bis 200, die II. Kette 201 bis 400; jede Platine erhält vier Schnüre.

Fig. 68 und 69 stellt eine Schnürordnung für drei Ketten vor, für einen Rapport in Spitz und für 200 Kettenlinien. Die I. Kette erhält die Platinen 1 bis 200, die II. Kette 201 bis 400, die III. Kette 401 bis 600; jede Platine erhält zwei Schnüre.

Fig. 70 zeigt vier Gruppen in zwei Rapporten in Spitz für 200 Kettenlinien. Die I. Kette erhält die Platinen 1 bis 200, die II. Kette 201 bis 400, die dritte Kette 401 bis 600, die IV. Kette 601 bis 800; jede Platine betätigt vier Schnüre.

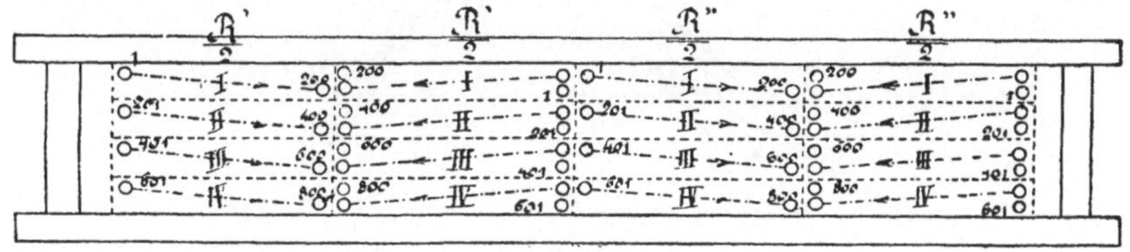

Fig. 70.

Fig. 71 stellt eine Schnürbrettordnung für zwei Ketten gerade durch in vier Rapporten vor. Die erste Gruppe enthält die Platinen 1 bis 300 viermal beschnürt. Die zweite Gruppe enthält die Platinen 301 bis 400, jedoch nicht über die frühere Rapportbreite. Es kann die II. Kette für Kettlancierung verwendet werden; jede Platine hat vier Schnüre.

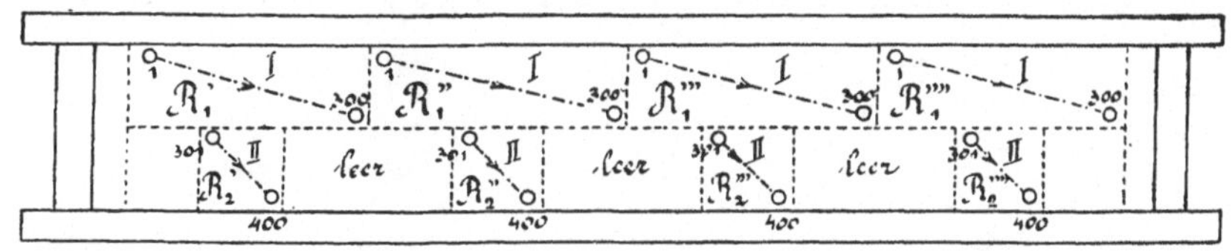

Fig. 71.

Fig. 72 und 73 stellt eine Schnürordnung in zwei Gruppen gemischt vor. Die Maschine enthält 700 Platinen. Die Platinen 1 bis 200 bilden beide Randteile mit zwei Ketten in halben Spitzrapporten. Die Platinen von 201 bis 300 und 301 bis 400 bilden einen Längsstreifen mit Kettlancierung in Spitz. Die Platinen 401 bis 500 bilden einen dichteren Rapport in Spitzteilen, 501 bis 700 bilden die Mitte zweimal gerade durch; jede Platine erhält zwei Schnüre.

Bemerkung. Die bisher eigentlich recht verwickelten Beschnürungen für mehrkettige Waren mit besonderen Platinengruppen, wie sie vorher beschrieben sind und bis heute angewendet werden, waren und sind nur insolange mit Vorteilen verbunden, als das damit verknüpfte Kartenschlagen

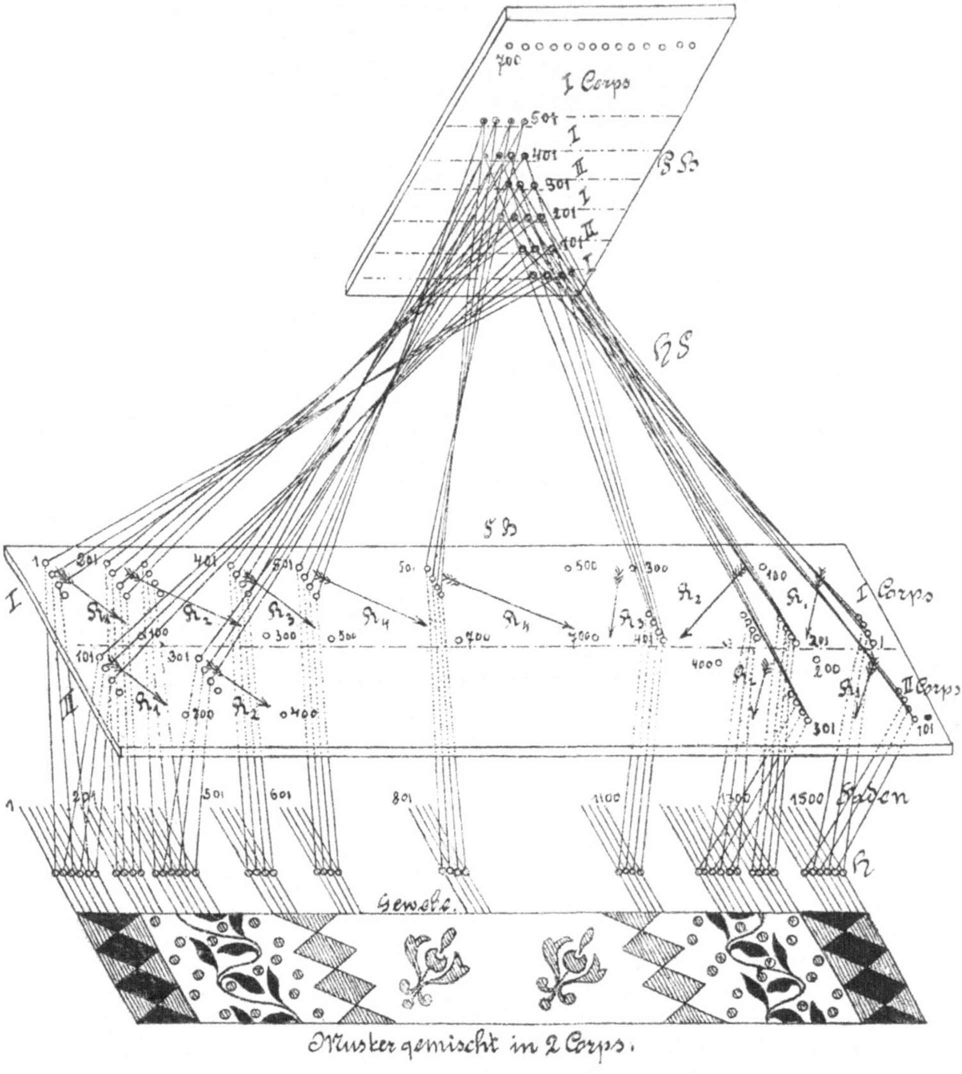

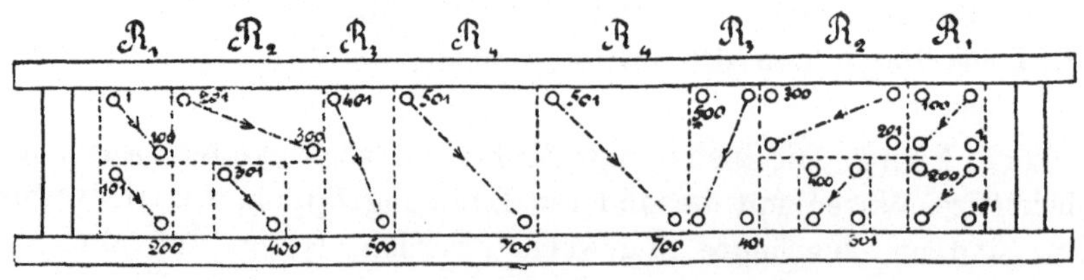

Fig. 72.

Fig. 73.

noch wenig den neueren Fortschritten desselben angepaßt werden konnte, wenn z. B. noch mit den kleinen Maschinen die Karten geschlagen werden. Dieser Umstand fällt jedoch bei dem heutigen Stande des Kartenschlagens mit den großen Kartenschlagmaschinen wenig mehr ins Gewicht, so daß man die mehrkettigen Beschnürungen entbehren kann, wodurch bei vereinfachtem Fadeneinzuge die Webweise der gewöhnlichen einkettigen und praktischen Beschnürungsart auch für mehrkettige Waren beibehalten werden kann.

Als Begründung dieses von Emil Bittner in Brünn gemachten Vorschlages braucht nur hervorgehoben werden, daß weder bei der Anfertigung der Musterzeichnung noch bei der Leseweise derselben eine Änderung einzutreten hat, daß man einzig und allein für das Kartenschlagen angibt, z. B.:

Für eine zweikettige Ware bilden:

    Platinen 1, 3, 5, 7 usw. die I. Kette (Gruppe oder Korps)
    „   2, 4, 6, 8 „   „ II. „   „   „   „

Für eine dreikettige Ware bilden:

    Platinen 1, 4, 7, 11 usw. die I. Kette (Gruppe oder Korps).
    „   2, 5, 8, 12 „ „ II. „   „   „   „
    „   3, 6, 9, 13 „ „ III. „   „   „   „

Für eine vierkettige Ware bilden:

    Platinen 1, 5, 9, 13 usw. die I. Kette (Gruppe oder Korps).
    „   2, 6, 10, 14 „ „ II. „   „   „   „
    „   3, 7, 11, 15 „ „ III. „   „   „   „
    „   4, 8, 12, 16 „ „ IV. „   „   „   „

Der Kartenschläger nimmt also die Schwierigkeit der Webweise dem Weber vorne weg und dieser arbeitet einfacher und fehlerfrei.

Es kann demnach dieser Gebrauch an Stelle der oftmals verzwickten Beschnürungen bestens empfohlen werden, damit mit einem alten Vorurteile zweckmäßigerweise gebrochen werde.

VII. Das Anschlingen der Helfen an die Schnüre.

Wenn sämtliche Schnüre ordnungsgemäß in das Schnürbrett eingezogen sind, so beginnt man mit dem Anschlingen der Helfen. Letztere werden provisorisch mit einer Schleife, Fig. 74, an die Schnüre gehängt, unbekümmert um den Stand der Augen. Auf das **Anschlingen** folgt das **Gleichhängen** der Helfen in den normalen Stand. Man hat sich zu diesem Zwecke über dem Brust- und Kettenbaum eine Schnur zu spannen; 30—40 *mm* tiefer

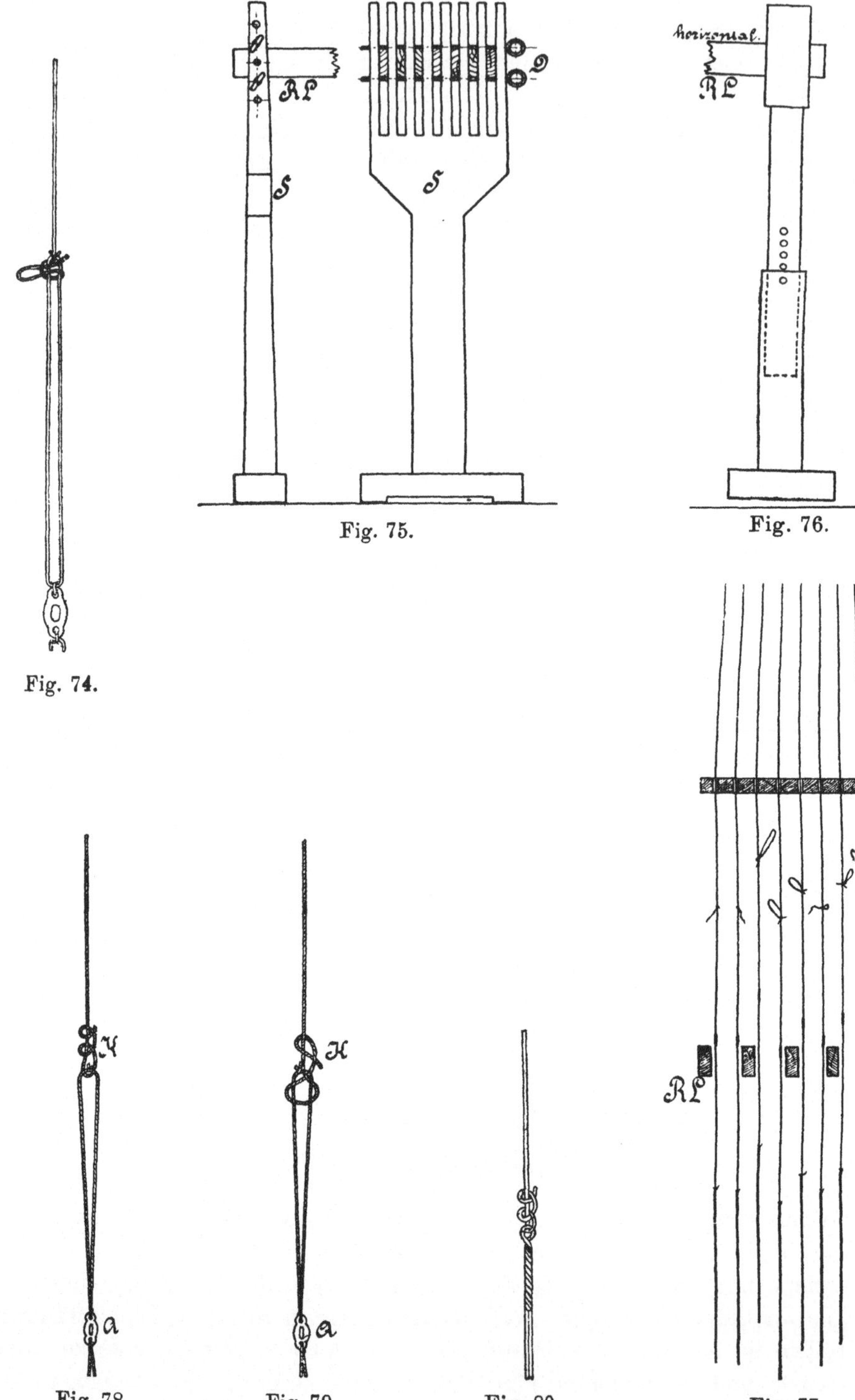

Fig. 74.

Fig. 75.

Fig. 76.

Fig. 78.

Fig. 79.

Fig. 80.

Fig. 77.

sind die Helfenaugen bei tiefstem Stande (Fachschluß) gelegen. Um nun sämtliche Helfen in dieser Höhe zu befestigen, bedient man sich der **Vor-richtböcke** und der **Richtlatten.** Ein derartiges Gestell ist in Fig. 75 und ein zweites in Fig. 76 ersichtlich. In beiden Fällen müssen die Richtlatten horizontal sein und die oberen Kanten derselben den genauen Stand der Helfenaugen erhalten. Fig. 77 zeigt die Richtlatten in Anwendung. Zwei Helfen sind durch einen Knoten gleichgehängt. Dieser Knoten kann in verschiedener Weise gemacht werden. Fig. 78—80.

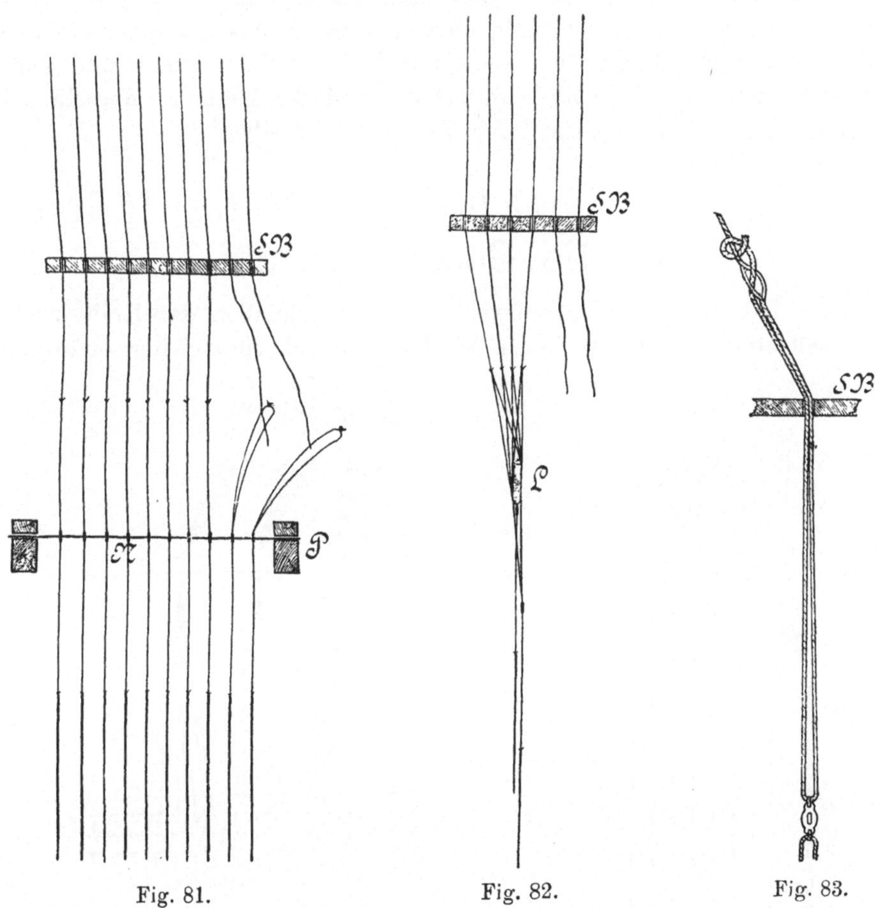

Fig. 81. Fig. 82. Fig. 83.

Die Schnurenden werden nach dem Gleichhängen kurz abgeschnitten. Das Anschlingen und Gleichhängen der Helfen erfolgt oft mit der **Nadel.** Fig. 81. Sie werden an eine Nadel gesteckt, welche in die Richtlatten ein-geklemmt wird. Auf diese Weise kann man auch sofort anknoten. Ist das Schnurbrett nicht besonders breit, so wird der rascheren und leichteren Arbeit halber, doch weniger häufig, mit nur einer Richtlatte angeschlungen, deren untere scharfe Kante ein wenig über dem Stand der Augen horizontal liegt. Fig. 82. Über dieses messerartige Lineal werden die oberen Helfenschnüre gesteckt und sofort angeknotet, doch muß die Latte mit den Böcken am Boden angeschraubt werden.

Nach vollendeter Arbeit wird das Lineal aus den Helfen gezogen. In der mechanischen Jacquardweberei benutzt man die Hebeschnur mit Vorteil gleichzeitig als obere Helfenschnur, weil das Schnurbrett tiefer stehen kann. Man hat dementsprechend die Schnur länger zu machen. Das Anschlingen, Fig. 83, geschieht in der Weise, daß man die Schnur durch das Schnurbrett SB und das Auge einfädelt, hierauf d u r c h das Schnurbrett wieder zurück- und oben durch die oben aufgedrehte Schnur zieht und knotet. Die Haltbarkeit der Schnüre wird erhöht und die Drehung derselben bei Temperaturwechsel vermieden durch Firnissen derselben.

VIII. Das Einziehen der Kettenfäden in die Beschnürung.

Man hat wie in der Schaftweberei die Kettenfäden der Reihe nach in die betreffenden Helfen zu ziehen. Weil aber durch die frei herabhängenden

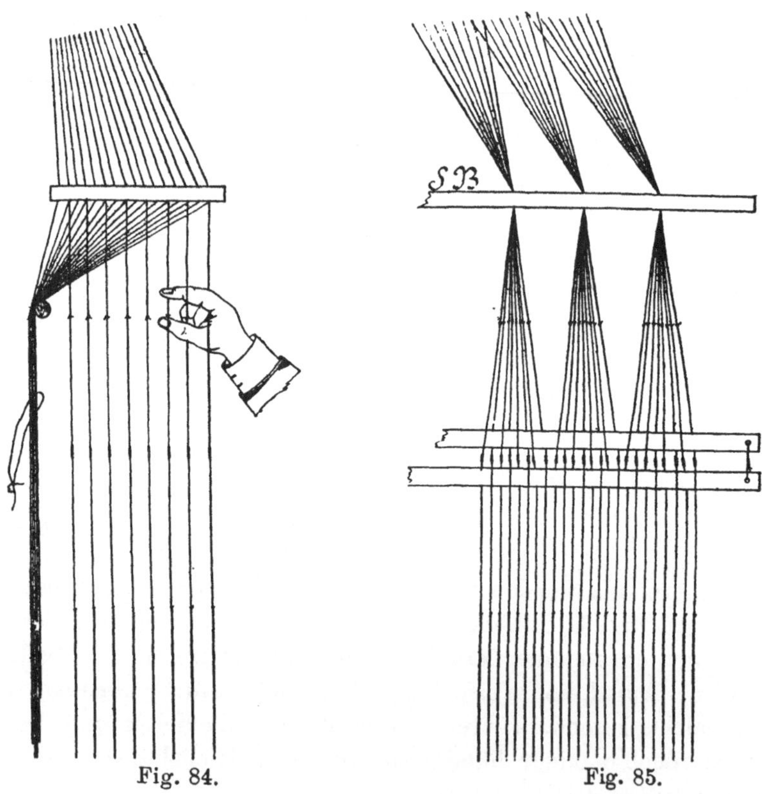

Fig. 84.   Fig. 85.

Helfen beim Einziehen sehr leicht ein Fehler entstehen kann, so nimmt man die Arbeit des **Einkreuzens** vor. Fig. 84 und 85. Man sucht bei dieser Arbeit die Helfen der Reihe nach in ein Kreuz zu bringen, so zwar, daß man mit der linken Hand eine Querreihe Schnüre abteilt und dieselben, da sie frei herabhängen, mit der rechten Hand ins Kreuz einliest. Man hat nur zu achten, daß sie von links nach rechts geradeso aufeinanderfolgen, wie die Platinen. Zum Festhalten des Kreuzes dienen anfangs zwei Schnüre, welche später, sobald die Arbeit vollendet ist, durch zwei Stäbe ersetzt werden.

Bei einer Beschnürung mit mehreren Korps wird jedes Korps für sich ins Kreuz gelesen und beim Einziehen als Schaft betrachtet, so daß die erste Helfe des I. Korps den ersten Kettenfaden und die erste Helfe des II. Korps den zweiten Kettenfaden enthält.

IX. Die Anwendung der Reserveplatinen.

Die Reservegruppe der Jacquardmaschine enthält mit wenig Ausnahmen die S. 20 und 21 erwähnten Prozentsätze der Platinen, welche verschiedenen Zwecken dienen, so u. a. *a*) **zur Bildung der Figur,** wenn das Muster eine größere Zahl Kettenfäden enthält; *b*) **zur Kettenlancierung.** Sollen einzelne Fäden in Farben eine besondere Wirkung im Muster bilden und ist die Verschiedenheit der Fadenabbindungen nicht zu groß, so benutzt man ebenfalls Reserveplatinen; *c*) **zur Hebung der Leistenfäden.** Jedes Gewebe verlangt an seinen Rändern eine der Grundbindung entsprechende Endleiste, welche besonders in der Leinen-Jacquardweberei verbreitert wird, indem einige Reserveplatinen außer der eigentlichen Endleiste einen glatten Streifen zur Begrenzung des eigentlichen Musters bilden; *d*) **zur Hebung der Schußfangfäden.** Bei verstärkten Bindungen in der Endleiste und im Gewebe muß der Schußfaden am Rande zurückgehalten werden, weil sonst derselbe in das Fach zurückgezogen würde. Um dies zu verhindern, benutzt man die sogenannten Fangfäden, welche stets nach eingetragenem Schusse wechseln. Die Hebung dieser Fäden geschieht gleichfalls durch die Reserveplatinen. In ähnlicher Weise werden die Reserveplatinen bei Fangfaden zur Bildung von Fransen verwendet; *e*) **zur Hebung der Vorderschäfte.** Enthält ein Gewebe mehr als eine Kette und bindet die eine derselben in einer Grundbindung gleichmäßig fort, so kann man das Fach dieser Kette durch Schäfte bilden, welche man ebenfalls an die Reserveplatinen hängt, wie z. B. bei Möbelstoffen; *f*) **zur Schützenkastenhebung.** Der Schützenkasten wird, sobald es das Gewicht der Schützen zuläßt, von der Jacquardmaschine aus bewegt. An den dazu bestimmten Reserveplatinen werden verschieden lange Hebel befestigt, deren Bewegung die Schützenkasten einstellen; *g*) **zum**

Signalgeben beim Farbenwechsel. In manchen Geweben wird der Effekt durch den Schuß erzielt, z. B. bei Kopftüchern in der Kante. Jedoch wird anstatt der unmittelbaren Einstellung der Kästen von einer Reserveplatine ein Glockensignal gegeben, damit von Hand aus die nächste Schütze eingelegt werden kann. In gleicher Weise unterstützen Reserveplatinen die Wechselung von Hand aus; *h*) **zum Ausrücken des Regulators.** Sollen in einem Gewebe Schußstreifen entstehen, z. B. von verschiedener Dichte, so wird der Regulator von Zeit zu Zeit ausgerückt; *i*) **zum Fortrücken des Regulators.** Die Bewegung des Regulators kann von der Jacquardmaschine ausgehen, sie muß, so bald der Regulator ungleich dicht zu schalten hat; *k*) **zur Wendung des Prismas.** Hat man einen kurzen Kartenrapport, welcher vor- und rückwärts läuft, so wäre das Anhängen eines Gewichtes an die Hakenschnur zu umständlich. Man erhält dasselbe Resultat, wenn man die Wendehaken mit einer Reserveplatine verbindet. So benötigt man bei Geweben, welche zwischen einem Figurschuß einen Grundschuß enthalten, mit einer gewöhnlichen Maschine unverhältnismäßig viel Karten. Um dies zu vermeiden, baut man Jacquard- mit Schaftmaschinen zusammen. Durch eine Reserveplatine der Schaftmaschine werden die Messer der Jacquardmaschine ausgerückt und das an dem Jacquardprisma drehbare Schaftprisma gewendet, so daß abwechselnd das eine und andere Prisma gewendet wird; *l*) **bei Eckstückbeschnürungen zum Verschieben der Brettchen.**

X. Das Muster- und Fachzeichnen.

Dem Weben eines Musters auf dem Jacquardwebstuhle geht die Herstellung der Zeichnung auf dem Linienpapiere voraus; diese Zeichnung, welche dem Kartenschlagen zur Grundlage dient, heißt die **Patrone.** Der Musterzeichner hat je nach dem anzufertigenden Stoffe entsprechende Entwürfe zu schaffen, aus denen die Auswahl getroffen wird. Er hat dabei die Webstuhleinrichtung, das Gewebe, den Stil und den herrschenden Geschmack der Mode zu berücksichtigen. Gewissenhafte Ausführung der Zeichnung mit Bezug auf den voraussichtlichen Ausfall im Gewebe ist eine Hauptsache. Diese **Musterskizze,** welche womöglich in Naturgröße entworfen werden soll, bildet die Grundlage zur Anfertigung der Patrone. Die Eintragung der Zeichnung auf das Linienpapier heißt **patronieren.** Die Patrone gibt genauen Aufschluß über die Abbindung eines jeden Ketten- und Schußfadens und ist demnach eine konstruktiv genaue und vergrößerte Werkzeichnung oder Abbildung des gewebten Stoffes. Da nun das Dichtenverhältnis der Kette und des Schusses von der Art des Stoffes abhängt und die Patrone genau in den richtigen Größenverhältnissen das Gewebebild geben soll, so ist es notwendig, das Linienpapier richtig zu wählen. Zu

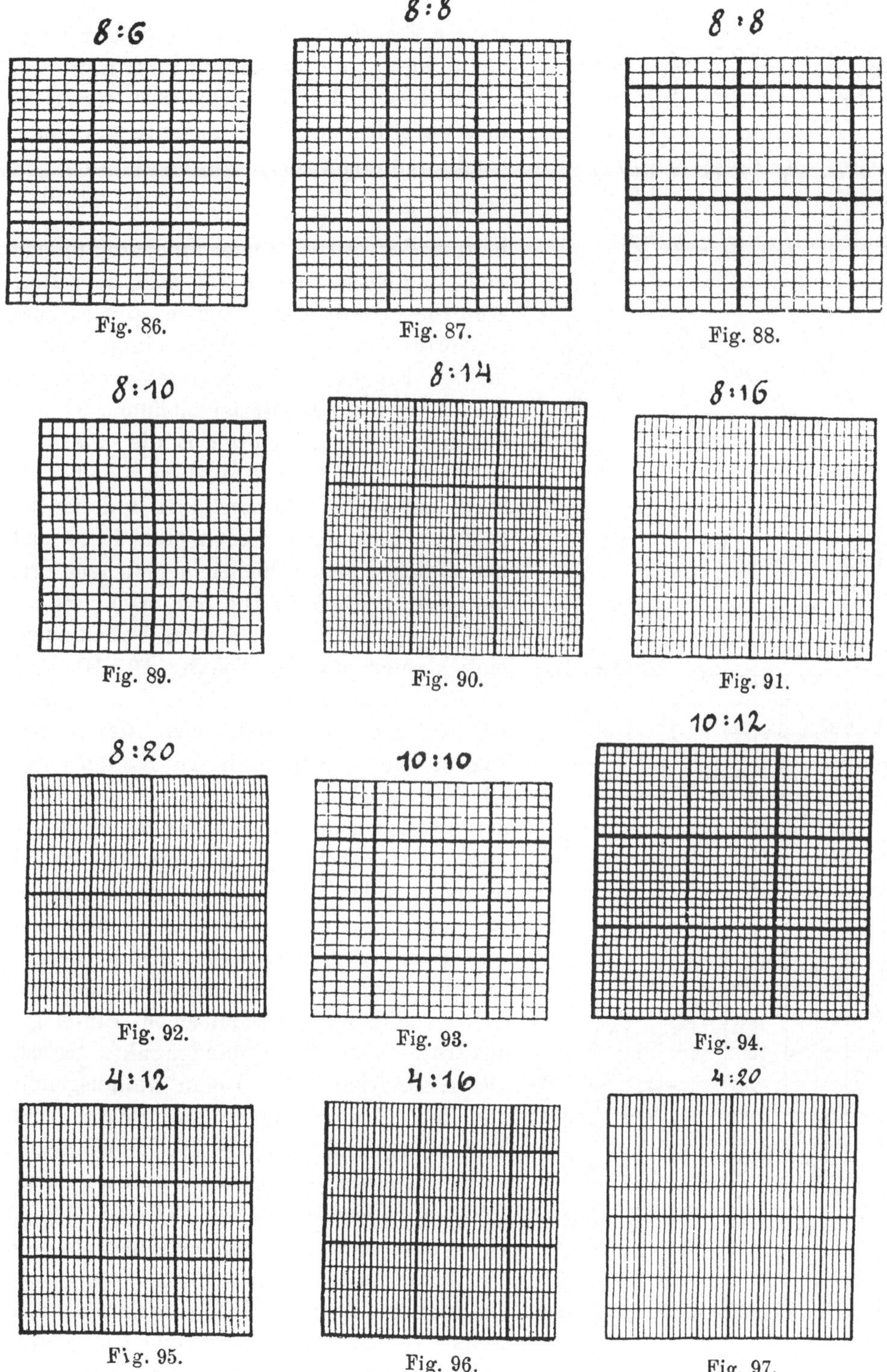

Fig. 86.

Fig. 87.

Fig. 88.

Fig. 89.

Fig. 90.

Fig. 91.

Fig. 92.

Fig. 93.

Fig. 94.

Fig. 95.

Fig. 96.

Fig. 97.

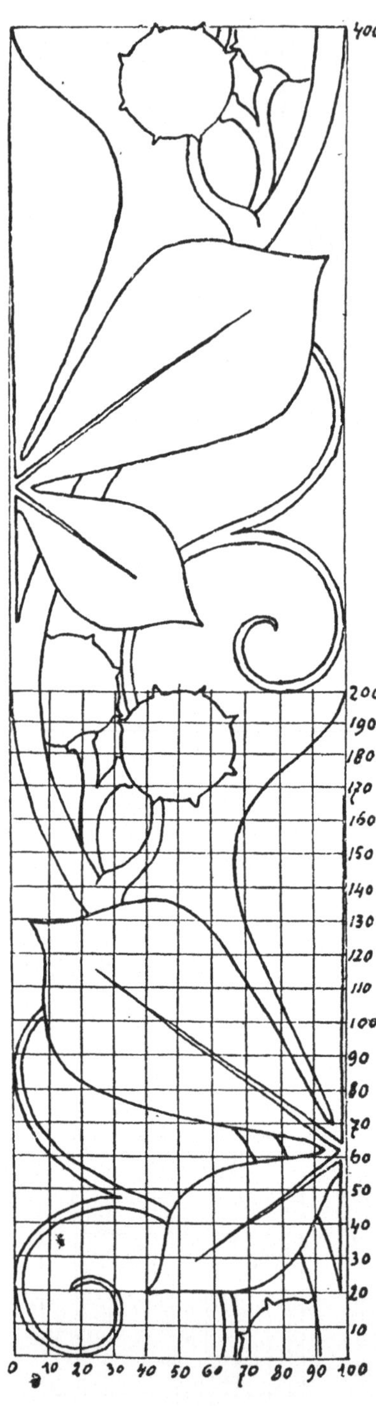

Fig. 98.

diesem Zwecke bringt man die Kettendichte zur Schußdichte ins Verhältnis, z. B. 24 : 33. Nach diesem der Wirklichkeit entsprechenden Verhältnisse nimmt man die Einteilung des Linienpapiers demnach, $24 : 33 = 8 : x$; woraus $x = \dfrac{33 \times 8}{24} = 11$ ist; also das Verhältnis der großen Linienquadrateinteilung muß in diesem Falle 8 : 11 sein. Um allen Anforderungen zu entsprechen, gibt es über 60 Sorten Linienpapier, die in einigen Arten in den Fig. 86—97 abgebildet erscheinen. Der Vorgang des Musterzeichnens ist nun folgender: Fig. 98 wäre z. B. die eine symmetrische Hälfte eines Musters, welches im Spitz am Webstuhle beschnürt und für 100 Platinen gezeichnet werden soll. Kett- und Schußdichte stehen hiebei in gleichem Verhältnisse, z. B. 8 : 8. Die Grundbindung sei fünfbindiger Atlas. In diesem Falle nimmt man Papier mit der Teilung 10 : 10, weil die Einsetzung der Kontur und der Bindung leichter ist. Man teilt sich die Skizze, Fig. 98, in Quadrate, je 10 Ketten- und 10 Schußfaden darstellend, entsprechend den stärkeren Linien nach Fig. 99. Man vergrößert oder überträgt die Kontur auf Grund des Netzes der Skizze auf jenes des Linienpapiers und zieht die Kontur richtig und rein aus. Die Umrisse der Figur werden hierauf durchaus durch Ausfüllen der von der Strichkontur geschnittenen Bindungsquadrate in die Konturbindepunkte zerlegt, die Kettwirkung der Figur vollausgefüllt und die Grundbindung nach Schuß- und Ketteffekt, nach Maßgabe der Bindeeffekte, z. B. Schattierung usw., eingesetzt. Man erhält auf diese Weise eine Patrone, welche 100 verschiedenbindende Kettenfäden und 400 Schußlinien aufweist. Fig. 99 zeigt nach der Schußrichtung nur die Hälfte der Patrone, welche von oben nach unten den Fortschritt des Musterzeichnens ersichtlich macht.

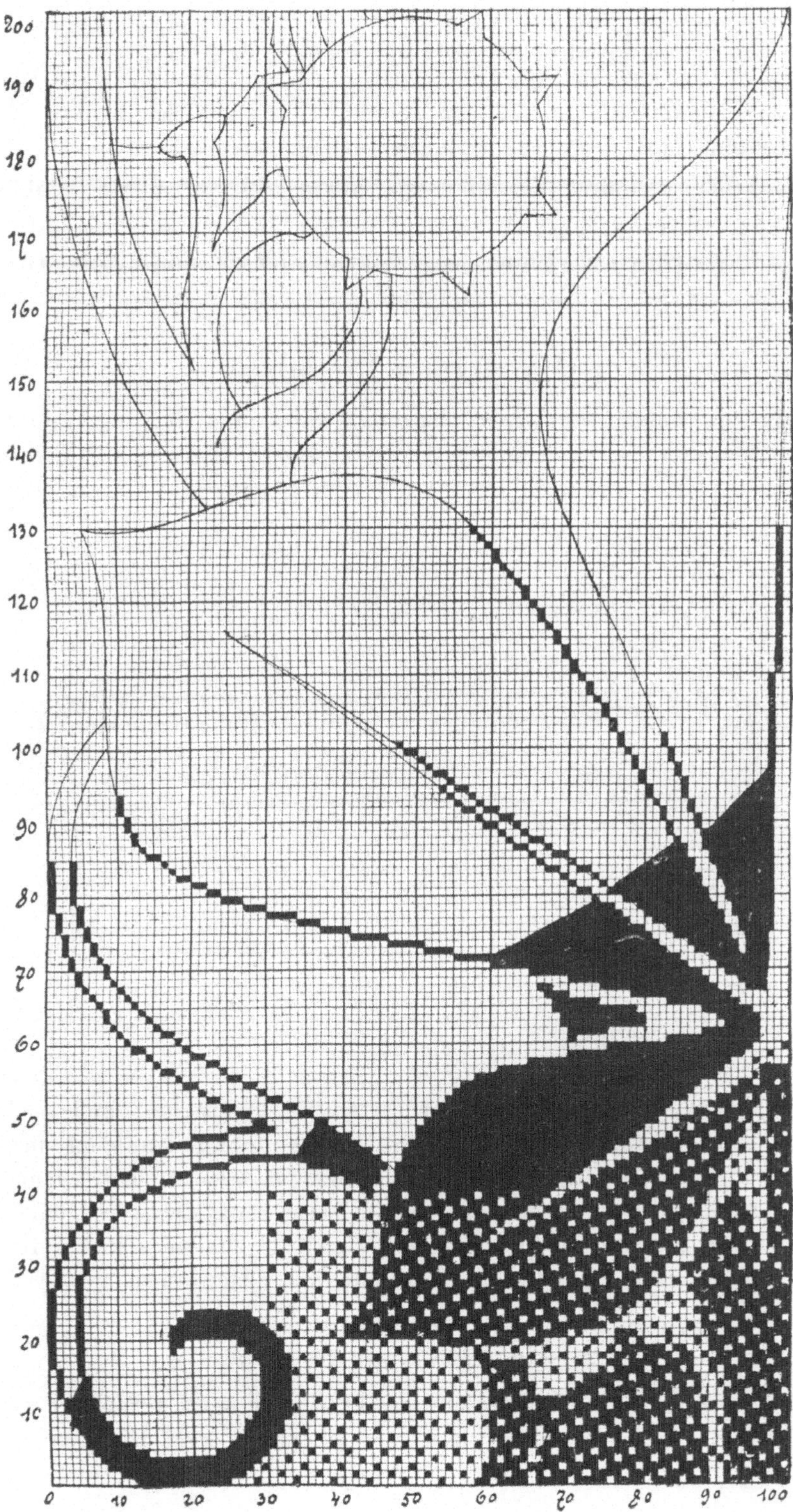

XI. Das Kartenschlagen.

Das Kartenschlagen hat den Zweck, für jeden Schuß der Musterzeichnung eine bezügliche Karte durch Lochen herzustellen.

Es haben sich drei Methoden des Kartenschlagens herausgebildet:

1. mit der Handschlagplatte: Loch für Loch einzeln aufeinanderfolgend;
2. mit der Claviezmaschine: jede Querreihe für sich nacheinanderfolgend;
3. mit den großen Kartenschlagmaschinen: die ganze Karte auf einmal.

1. Die Handschlagplatte.

Fig. 100, welche aus zwei eisernen, mit genau derselben Jacquardprismateilung versehenen gelochten Platten besteht. Zwischen dieselben legt man die Pappkarte und durchlocht mit einem Stempel LS die zu hebenden

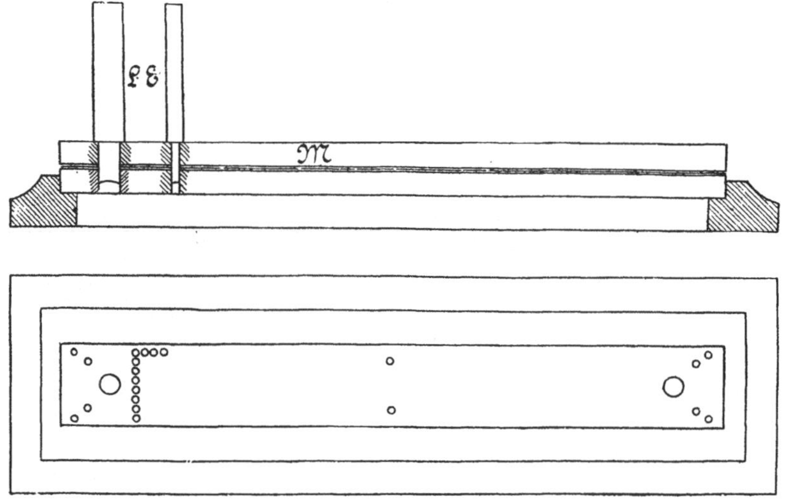

Fig. 100.

Bindungspunkte, indem man mit der ersten Platine beginnt und nach und nach die Karte fertigstellt. Dieses Verfahren ist sehr zeitraubend und wird nur mehr für den Musterstuhl geübt. Außerdem dehnt sich die Karte aus und paßt nachher schlecht auf das Prisma. Man erfand daher eine Maschine, mit Hilfe der man durch einen Druck sämtliche Bindungspunkte in einer Querreihe herstellt. Die Maschine, welche mit dem Namen des Erfinders

2. die Claviezmaschine,

benannt wurde, ist heute durch vielerlei ähnliche Systeme verdrängt worden. Die Hauptteile dieses Systems sind: ein Wagen W zum Einspannen und regelmäßigen Fortrücken der Karte, Fig. 101, aus einer der Anzahl Löcher in einer Querreihe entsprechenden Durchstoßvorrichtung, ferner aus den Schnüren s oder einer **Klaviatur,** aus den Winkelhebeln WH und verschiebbaren Riegelplatinen V. Der Kartenschläger hat sich die Musterzeichnung den Querreihen der Jacquardmaschine gemäß in Fadengruppen einzuteilen, damit er eine bessere Übersicht bekommt. Zu diesem Systeme gehört auch die Schlagmaschine von Habel, Reichenberg, welche die Einrichtung besitzt, daß der Durchschlag mit dem linken Fuße bewerkstelligt wird, während der rechte Fuß die Warzen und Bindelöcher stanzt und beide Hände die Platin-

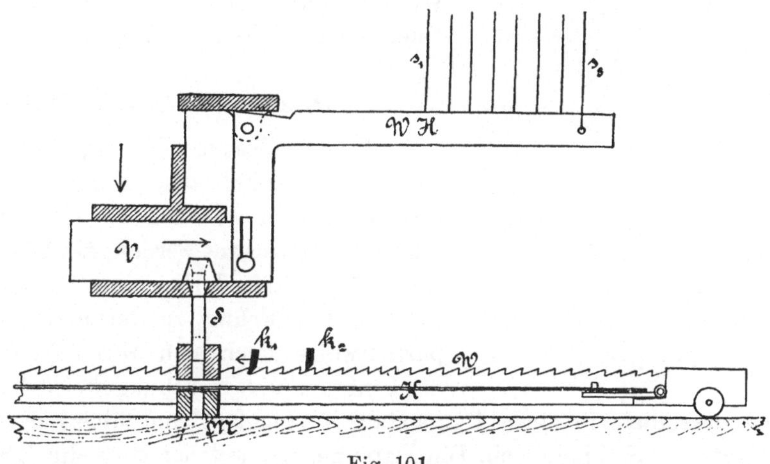

Fig. 101.

schnüre ziehen oder Tasten niederdrücken können. Andere Maschinen wieder werden mit der rechten Hand mit Kurbelantrieb bewegt. In größeren Webereien und in den Kartenschlägereien ist auch dieses Verfahren zu zeitraubend. Man stellt eine Karte durch einen einzigen Druck her.

3. Die großen Kartenschlagmaschinen.

Dieselben sind nach zwei Konstruktionen ausgeführt. Bei der ersten werden sämtliche Stempel in die Schlagplatte mit der Hand eingesetzt, beziehungsweise ihre jeweilige erforderliche Stellung geändert und durch eine Druckplatte mechanisch auf einmal niedergedrückt. Bei der zweiten Art werden in ähnlicher Weise wie bei der Claviezmaschine, jedoch alle jene Stempel durch Vorschieben von Keilplatinen p, Fig. 102, welche an Schnüren gezogen werden, eingestellt. Die gehobenen Platinen p dienen zur Verriegelung der Stempel S_{1-4}, welche mit den Ansätzen m_{1-4} beim Vorschub der Lochplatten P_2 und L mit zwischengelegter Pappe K nicht in die Aussparungen der Platinen zurückweichen können, wodurch das Ausschneiden der betreffenden Löcher in der Karte erfolgt. Alle übrigen Stempel der nichtgehobenen Platinen weichen zurück und lochen nicht. Die letzte Art ist die gebräuchlichere und kann gleichfalls mechanisch betrieben und mit Hilfe einer Jacquardkarten-Kopiermaschine verbunden werden. Sie ist stets der raschen Arbeit wegen mit mehreren sogenannten **Leviergestellen** oder Einlesegestellen verbunden, welche den Zweck haben, Muster in die Schnüre ohne Aufenthalt einzulesen, so daß man dieselben nachher nur mit den Schnüren der Schlagmaschine zu verbinden braucht und in ähnliche Weise, wie es am Zampelstuhl geschieht, Karte für Karte die Platinen zum Lochen zu ziehen.

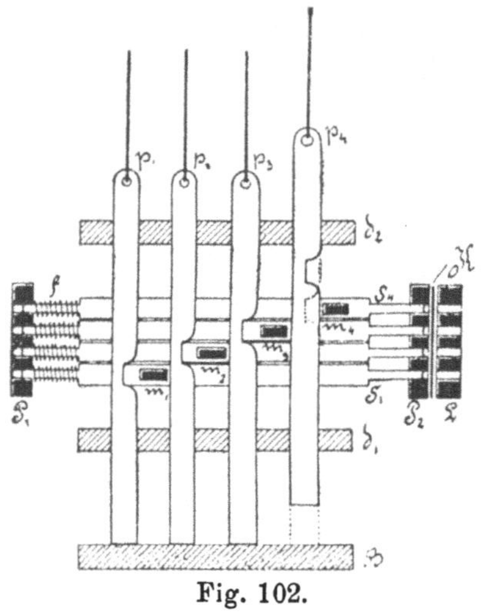

Fig. 102.

Das Karteneinlesen.

Das Einlesegestell, Fig. 103, besteht aus einem vertikal stehenden rahmenartigen Gestell AB, in welchem so viele Schnüre, **Sempel S**, gespannt werden, als Platinen für eine Patrone erforderlich sind. Diese Schnüre werden, um Fehler zu vermeiden, erstens partienweise nach den verstärkten Linien des Linienpapiers beziehungsweise der großen Quadrate desselben in einen Kammstab R eingelegt und überdies zweitens in ein Kreuz $S_1 S_2$ eingelesen. Die Patrone, auf welcher stets die **Leseweise** angegeben ist, steckt zwischen Klemmstäben M, um die Bindung einer Schußlinie leicht und sicher ablesen zu können. Während des Einlesens sucht die rechte Hand des Mustereinlesers nach der Bindung der Patrone die zu hebenden Schnüre zu fassen; die linke Hand schiebt gleichzeitig die **Latzschnur L** nach. So erhält man nach und nach ein Geflecht der Sempelschnüre mit den Latzschnüren: das Urgewebe der Patrone, genau der Bindung entsprechend. Diese Arbeit ist eine der mühsamsten und erfordert stete Aufmerksamkeit, denn bei Nachlässigkeit entstehen Fehler der Bindung, welche erst nachher um so schwieriger und zeitraubender ausgebessert werden müssen.

In der Fig. 103 ist die Abbindung des Grundes in 5 bindigen Atlas, die Abbindung der Figur in 8 bindigen Atlas gezeichnet. Schwarz ist zu nehmen. Für diesen Fall wird die Zeichnung in fünf Zügen gelesen, d. h. es werden

1. die Schußlinien 1, 6, 11, 16, 21 usw., dann
2. „ „ 2, 7, 12, 17, 22 „
3. „ „ 3, 8, 13, 18, 23 „
4. „ „ 4, 9, 14, 19, 24 „ und schließlich
5. „ „ 5, 10, 15, 20, 25 „ gelesen, um die

schon eingelesene Grundbindung wieder zu benützen.

Bei jedem neuen Zuge, d. h. Wechsel der Grundbindung, wird ein Zeichen an die betreffende erste Latzschnur L_1 gehängt. Für jeden Zug wird ein Stab S_3 eingelesen, welcher die Grundbindung enthält, um Fehler in der Grundbindung beim Wiedereinlesen möglichst zu vermeiden. In der

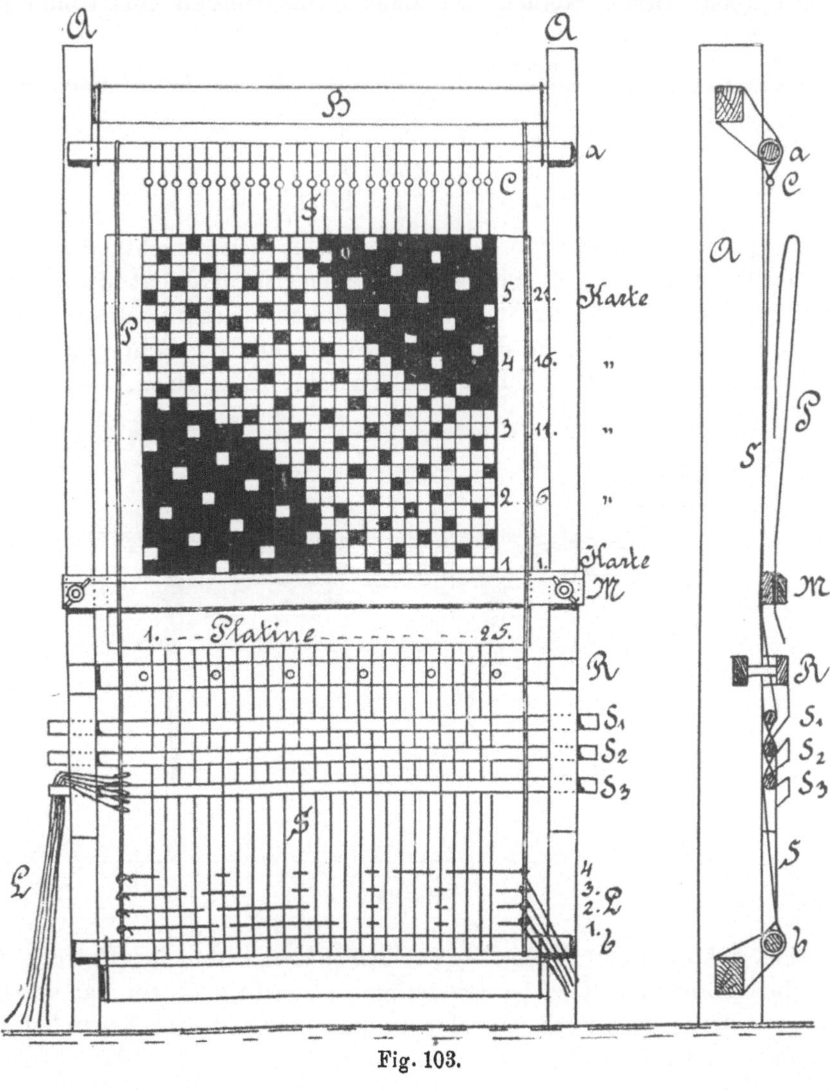

Fig. 103.

gezeichneten Fig. 103 sind vier eingelesene Latzschnüre des ersten Zuges der Patrone ersichtlich. Hierauf werden die oberen Enden der Sempelschnüre c mit den horizontal verlaufenden Zugschnüren der Schlagmaschine, nach dem Schema der Fig. 104, L_{1-4} in richtiger Weise durch Karabiner verbunden. Löst man nun die letzte Latzschnur und zieht mit beiden Händen an den zum Bündel vereinigten und durch die Latzschnur vorgezogenen Sempelschnüren nach abwärts, so werden die erforderlichen Horizontalschnüre einen Winkel bilden und sämtliche Keilplatinen vor die Lochstempel schieben, worauf die Schlagmaschine bewegt und die Karte geschlagen wird.

Die Musterkarten werden den Zügen entsprechend gelegt und dann der Reihenfolge nach

eine Karte vom 1. Zug,

„ „ „ 2. „

„ „ „ 3. „

„ „ „ 4. „

„ „ „ 5. „

usw. fort genommen, somit für das Kartenbinden neu zurechtgelegt.

Das Einlesen des Musters in die Sempelschnüre hat den Nachteil, schwierig und für die Augen immerhin schädlich zu sein. Man sucht dies in neuester Zeit zu umgehen, die Schnurvorrichtung der Schlagmaschine in Wegfall zu bringen und sie durch eine Tastatur zu ersetzen.

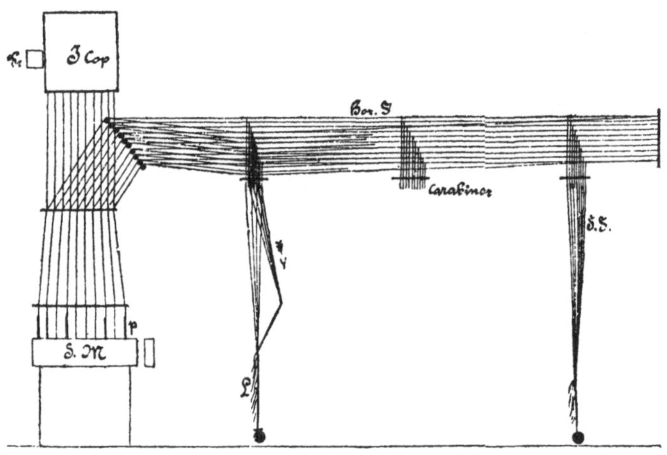

Fig. 104.

Auch fehlen nicht Versuche, um das Ablesen von der Patrone überhaupt ohne Händearbeit zu bewerkstelligen. Bonelli in Turin war der erste, welcher mit Hilfe elektrisch leitender Patronen und darauf liegenden Kontakten auf elektro-magnetischem Wege die Platinen direkt einstellte. Jan Szczepanik in Wien versuchte die leitenden Patronen durch Photographie auf Metallplatten herzustellen, um das mühevolle isolierende Zeichnen der Patrone zu ersparen und sichere Kontaktstellen zu erhalten.

Professor Regal versuchte überhaupt das Weben ohne Karten durch unmittelbare elektrische Übertragung von der Patrone auf die Jacquardplatinen zu bewerkstelligen.

Einen Fortschritt in der Schlagweise der Karten mit großen Schlagmaschinen hat Emil Bittner erzielt und die Ausführung der Neuheit Ruppert Wimmer in Wien übernommen.

Der Grundgedanke vereinfacht sowohl das Zeichnen der Musterpatrone als auch das Karteneinlesen und werden damit fehlerfreie Karten für dichte Fadenstellungen erzielt, wo der Konturumbruch mit der erhaltenen regel-

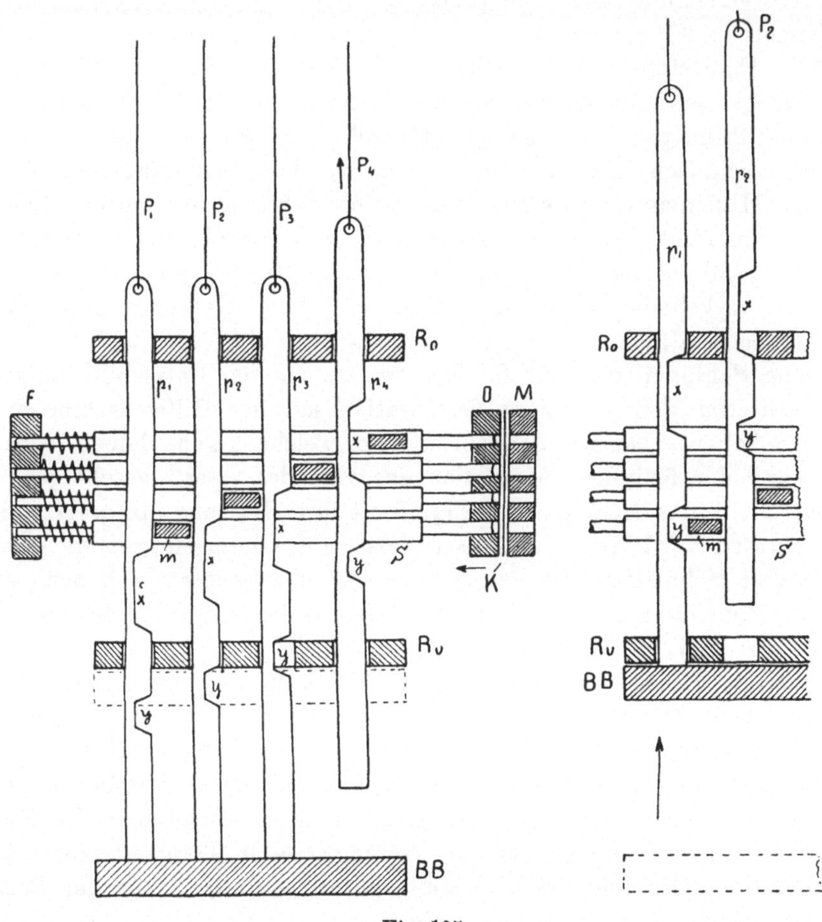

Fig. 105.

mäßigen Bindung hinreichend scharf in der Ware hervortritt, so daß etwa das Umstellen der Abbindepunkte längs der Konturen vom Zeichner nicht notwendig ist oder als nicht fehlerhaft erscheint, wie es für Verdolmaschinen längst geübt wird.

Die Patrone wird hiernach sowohl im Grunde als auch in der Figur von Abbindepunkten frei gelassen und ist nur die Figur in der Masse patroniert, doch kann man zwei verschiedene Bindungen für Grund und Figur während des Schlagens damit auslesen (auslevieren). Nach der bisherigen Stempeleinrichtung Fig. 102 pressen diejenigen Stempel, deren Platinen gehoben werden.

Bei der neuen Stempeleinrichtung, Fig. 105, pressen diejenigen Stempel, deren Platinen z. B. P_{1-3} nicht gehoben werden, während z. B. bei der gehobenen Platine P_4 sich der zugehörige Stempel in die Kerbe bei x (linke Figur 105) einschiebt und nicht preßt.

Nimmt man dies als Regel an, so ergibt sich Folgendes:

Alle Figurstellen (ohne Abbindung) werden vorher in die Zampelschnüre eingelesen und der Grund (auch ohne Bindung) bleibt liegen. Die Figur soll 8bindigen Kettatlas, der Grund 5bindigen Schußatlas erhalten, was dem Kartenschläger angedeutet wird. Der mit der Schlagmaschine verbundenen Hilfsjacquardmaschine werden abwechselnd die vorher angefertigten und zu einer Kartenkette geschlossenen Abbindekarten vorgelegt, also einmal die Abbindung der Figur und das anderemal jene des Grundes, jedoch in verkehrter Wirkung, mithin 5bindiger Kettatlas und hierauf 8bindiger Schußatlas.

Beim Schlagen hat man die Figurmasse mit der Latzschnur zu ziehen und gleichzeitig den 5bindigen Kettenatlas mit der Hilfsmaschine auszulassen (zu heben). Da alle Stempel wirken, welche liegen bleiben, wird auf diese Weise der 5bindige Schußatlas des Grundes vorerst geschlagen.

Es bleibt das Schlagen der Figur mit ihrer Bindung übrig. Für dieses zweite Pressen wird die Grundmasse (also weiß) gezogen und gleichzeitig der 8bindige Schußatlas von der Hilfsmaschine ausgelesen (gehoben), somit bleibt die Figur mit dem 8bindigen Kettenatlas liegen, worauf das zweitemal gepreßt wird und die Karte fertig ist.

Um mit dieser Schlagmaschine auch Karten zu kopieren oder in der herkömmlichen Weise zu schlagen, sind die Keilplatinen p_{1-4}, rechte Fig. 105, für doppelte Wirkungsweise auch mit den kürzeren Kerben y eingerichtet. Zu diesem Zwecke hebt man das Bodenbrett BB bis unter R_u, womit die Kerben y sich vor die Ansätze m der Stempel S in die Grundstellung stellen und die gewöhnliche Schlagweise in Tätigkeit treten kann. Auch das Sempelschnurbrett wird weiter hinausgerückt, damit die Sempel- und Zampelschnüre in Spannung bleiben.

Das Kartenkopieren.

Durch die Verbindung dieser Vorrichtung mit einer Jacquardmaschine J, Fig. 102, auf deren Prisma Pr eine bereits vorhandene Kartenkette gelegt werden kann, entsteht die sogenannte **Kartenkopiermaschine** zur Neuherstellung oder Vervielfachung von Karten. Das Kartenkopieren kann auch mit Hilfe eines an der Claviezmaschine verbundenen Tasterapparates bewerkstelligt werden, Fig. 106.

Auf einem Jacquardprisma P wird die zu kopierende alte Karte K_1 aufgelegt. Durch die mit der eigentlichen Kartenstanzmaschine in Verbindung stehende Stange S wird der Hebel H unmittelbar vor dem Durchstanzen der Löcher herabgelassen, so daß die Platte m die Tasternadel N freigibt, welche durch den Druck der Spiralfedern n in das Loch der Karte K_1 eintritt, sich also senkt. a und b sind feststehende Führungen der Nadeln. N drückt mithin den Winkelhebel W nach abwärts, so daß der Stift c den Hakendraht d nach rechts zieht, und weil d mit der Riegelplatine V verbunden ist, letztere über den Lochstempel p einstellt. Nunmehr

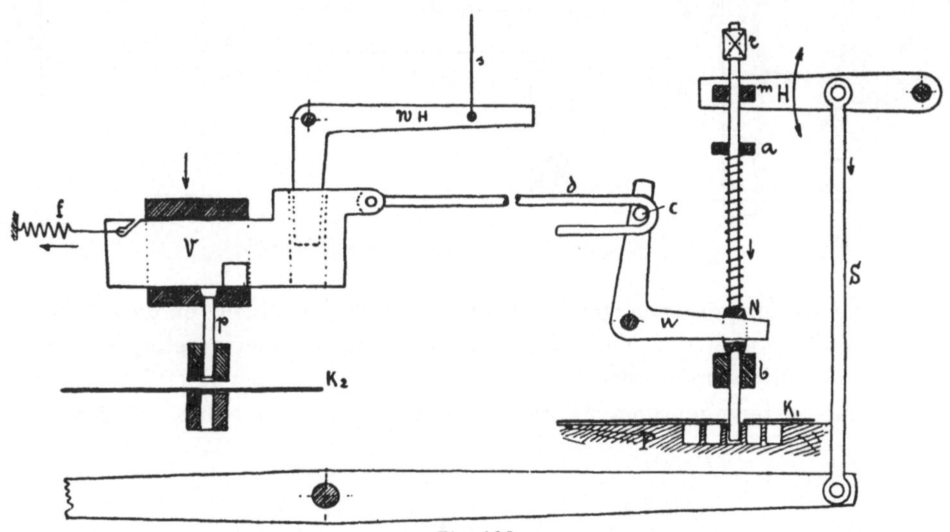

Fig. 106.

erfolgt der Stanzendruck. Das Herausheben der Tasternadeln bewirkt der Aufwärtsgang von m und die Mitnahme des Kopfes r.

Der Wagen der neuen Karte hängt mit dem Prisma der alten Karte zusammen und wird stets um eine Querreihe weiter geschaltet, worauf das Spiel von neuem beginnt.

Um nun das Muster, welches in den gelochten Karten besteht, für die weitere Verwendung tauglich zu machen, hat man mit den numerierten Karten

XII. das Kartenbinden

vorzunehmen.

Es ist vielfach noch Handarbeit und geschieht, wie in Fig. 107 ersichtlich ist. Die Karten werden auch häufig auf einer mechanischen **Bindemaschine** vereinigt. Bei der Handarbeit werden zur richtigen Distanzeinhaltung der Karten **Binderahmen** mit verstellbaren Warzen verwendet, oder aber auf quadratischen Latten eingeschlagene Stifte, derart, daß auf den Seiten der Latten *L*, Fig. 108, der Kartenbreite entsprechend, zwischen je zwei Karten kurze Nägel ohne Köpfe zu stehen kommen.

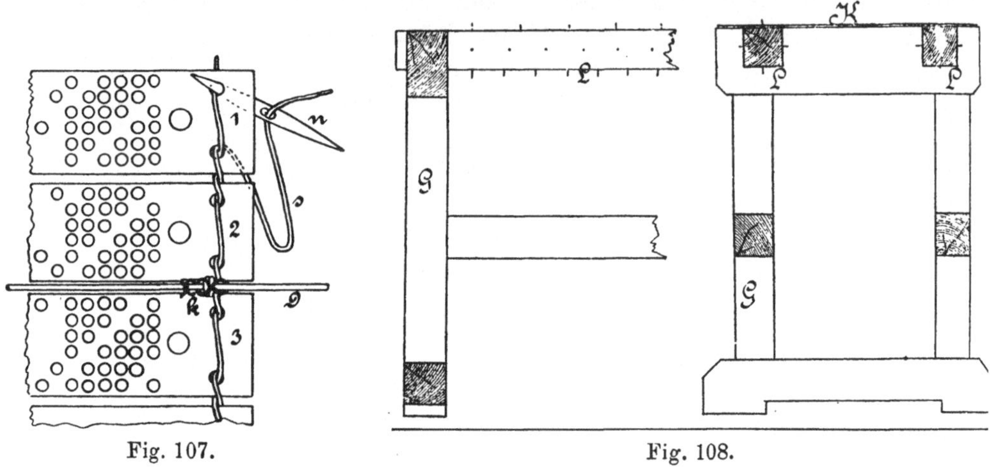

Fig. 107.

Fig. 108.

Die so zusammenhängenden Karten werden zu einem endlosen Bande in der Reihenfolge der Nummern von oben nach unten vereinigt, welches selbstverständlich nach der Zahl der Schuß verschieden lang ist. Um die einzelnen Karten geordnet während des Webens einzustellen, benützt man

XIII. die Kartenläufe.

Sie dienen, gleichwie in der Schaftweberei, zur geordneten Führung der Musterkarten, doch sind sie zur Aufnahme einer größeren Zahl derselben ausgeführt. Schonung der Karten, sicheres und leichtes Anlegen derselben an das Prisma ist die Anforderung, die man an diesen Bestandteil des Webstuhles stellt. Eine der besten derartigen Konstruktionen ist die in Fig. 109 ersichtliche. Dieser Kartenlauf, für einen normalen Stand der Jacquardmaschine dienend, zeigt im wesentlichen die sogenannten Leitwalzen, die in schiefen Ebenen am Gestell, das bis zum Prisma reicht, leicht beweglich gelagert sind, und zwei bogenförmige, flache Eisenschienen außerhalb des Webstuhles. Die eingebundenen Kartendrähte legen sich auf diese Schienen, wobei die Karten frei herabhängen und sich während der Bewegung dicht aneinander legen, den geringsten Raum einnehmen, auf den oberen Leitrollen dem Prisma zu- und über den unteren Walzen vom letzteren weggehen. Der steilere Winkel der Zu- und Abführung gestattet ein Vor- und Rückwärtslaufen der Karten bis zu vielen hundert Stück in sicherster Weise. Schwieriger ist die Herstellung eines Laufes, wenn die

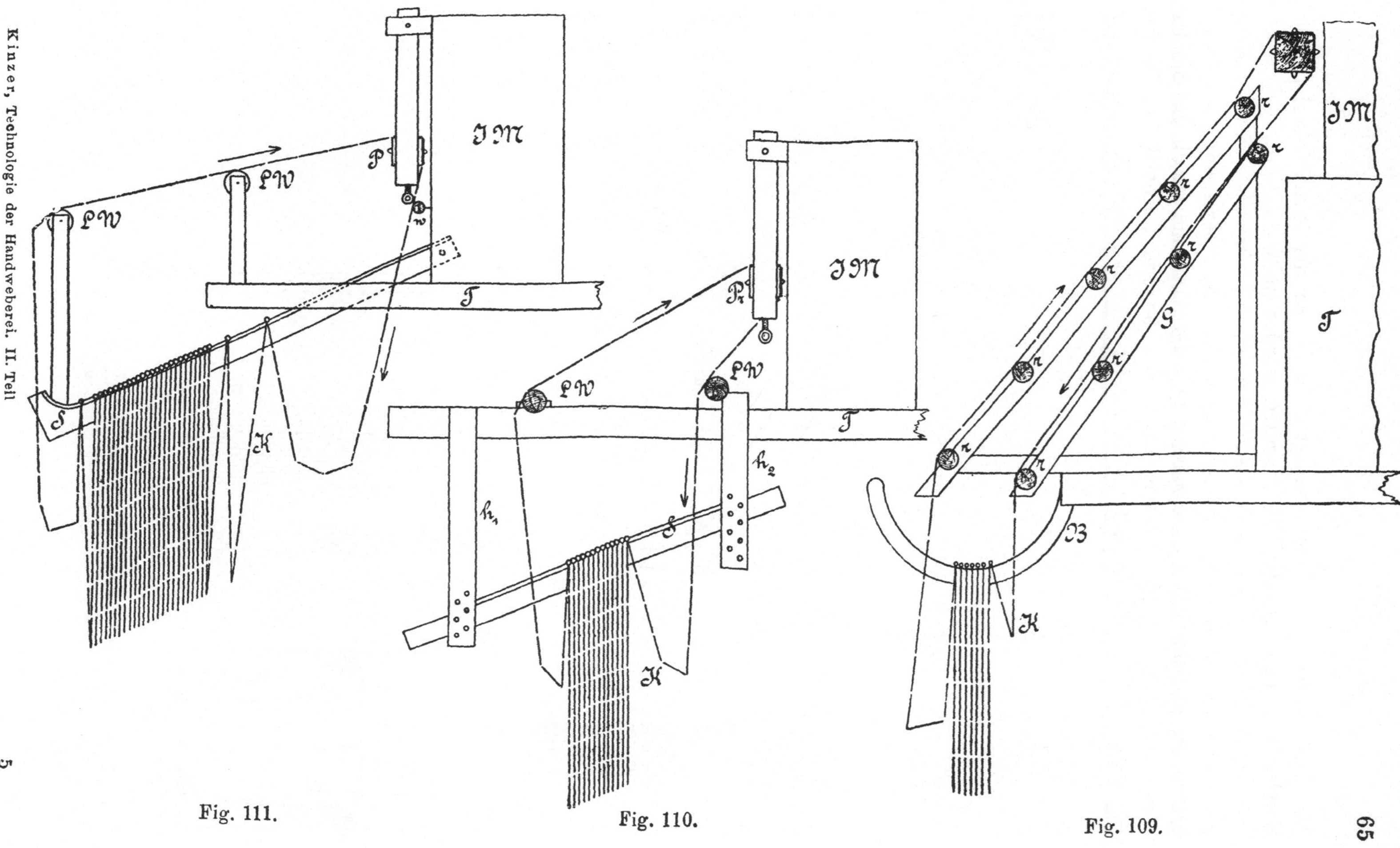

Fig. 111.

Fig. 110.

Fig. 109.

Maschine niedrig am Stuhle eingestellt wird, da der Raum innerhalb des Stuhles, Fig. 110, 111 und 112, benützt werden muß.

Auch hieraus ergibt sich wieder der oft nicht beachtete Vorteil einer normal hoch gestellten Jacquardmaschine, weil bei Nichtbeachtung die Schnurbretthalter umgeändert werden müssen und der Raum außerhalb des Stuhles hinter der Lade unnütz verloren geht. Ein weiterer Nachteil der in den Fig. 110—112 ersichtlichen Kartenläufe ist der, daß man die Karten nur

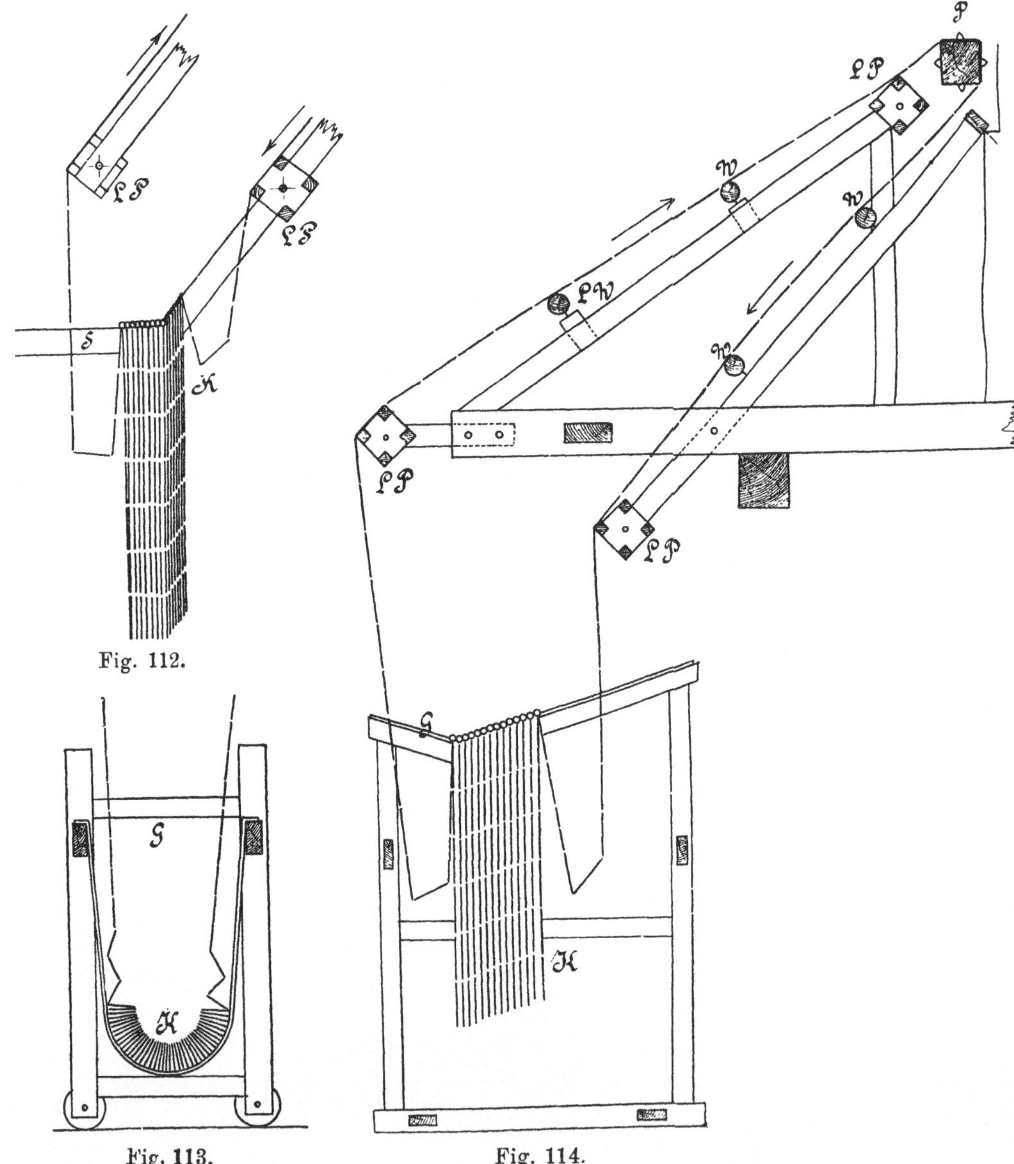

Fig. 112.

Fig. 113.   Fig. 114.

nach einer Richtung laufen lassen kann. Für eine noch größere Kartenzahl zu mehreren Tausend genügt das Aufhängen derselben auf frei hängenden Schienen nicht, weil das Gewicht derselben zu groß wird. Hiezu ist ein separates Gestell, Fig. 113 und 114, erforderlich. Läßt es der Raum neben dem Stuhle aber trotzdem nicht zu, wie z. B. bei Stühlen mit zwei Jacquardmaschinen nebeneinander, dann bietet Fig. 115 einen ganz guten Anhalt zur Konstruktion eines Kartenlaufes für Vor- und Rückwärtslauf.

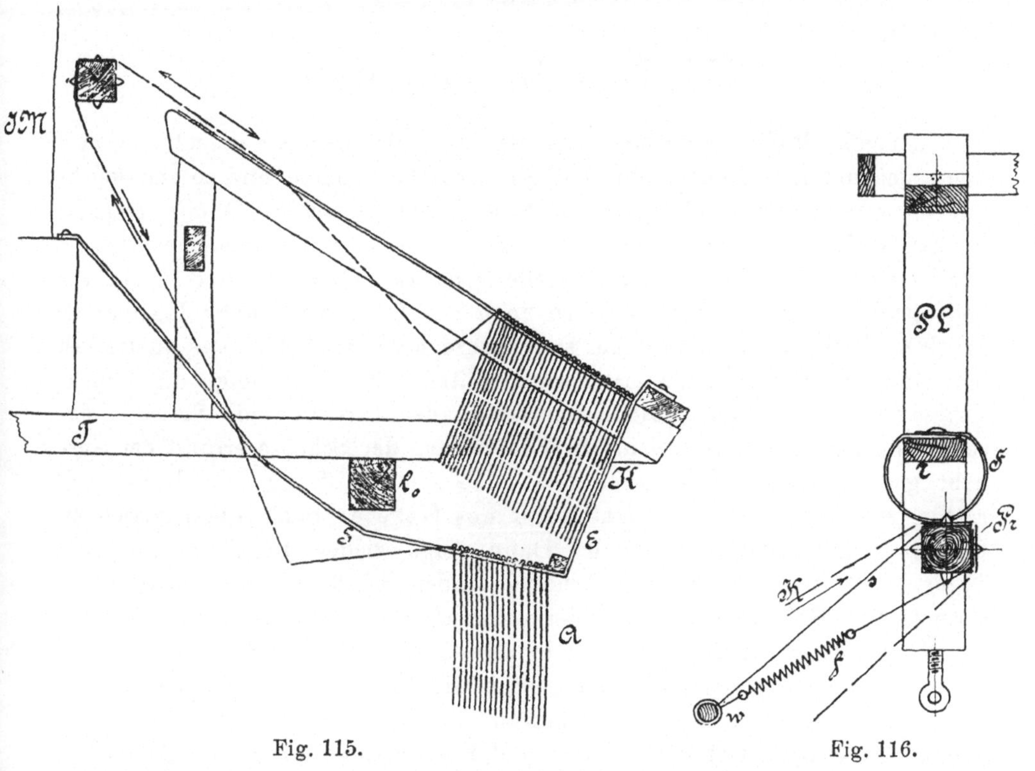

Fig. 115.　　　　　　Fig. 116.

Das in die Mittestellen (Zentrieren) der Karten am Prisma wird häufig unterstützt und gesichert mit Hilfe von federnden Papprollen F in Fig. 116, die an der mittleren Querleiste r der Prismalade PL befestigt werden und das Haftenbleiben (Umwickeln) der Karten K kann durch mit über das Prisma laufende endlos geführte Schnüre s vermieden werden.

XIV. Das Lancieren.

Um die Wirkung der Fadenbindung bei gewissen Geweben zu erhöhen, wird der Schuß gewechselt, und man nennt diese Arbeit, wenn der Schuß über die ganze Breite des Gewebes geht, **Lancieren**; hiebei kann der

Lancierschuß zwischen den Figurstellen mit der Kette verbunden sein oder nicht. Das letztere nennt man **Flottieren** oder Flottliegen auf der Rückseite des Stoffes. Um das Lancieren zweckmäßig auszuführen, benützt man

die Lancierlade.

Sie ist nichts anderes als eine Wechsellade, deren Einrichtung in der Schaftweberei, I. Teil, behandelt wurde.

XV. Das Broschieren.

Es gibt Stoffe, in welchen das Muster außer dem Grundschusse auch den sogenannten Broschierschuß enthält. Broschierschüsse sind solche, welche nur an vereinzelten Stellen des Gewebes Effekt machen. Damit nun die Schüsse nicht unter den anderen Stellen des Gewebes flottliegen, werden sie nur so weit geführt, als die Figurstelle groß ist. Dadurch wird nicht nur bedeutend Material erspart, sondern auch der Ware wird mehr Haltbarkeit gegeben. Ferner wird ein etwaiges Durchschimmern vermieden, was namentlich bei dünneren Geweben mit Lancierung eintritt. Fig. 117 zeigt die übliche Technik einer kleinen Broschierfigurstelle, deren flottierende Schüsse einseitig und nur oberseits liegen. Die Einbindung der Schüsse erfolgt bei Aushebung aller Kettenfaden durch Bewegung der Schiffchen von links nach rechts, worauf das mit der Unterseite des Gewebes nach oben gerichtete Gewebe den Grundschuß erhält. Dann folgt wieder die Aushebung der Figurstelle für die nach links rücklaufenden Schiffchen und wieder der Grundschuß. Soll aber die Broschierkontur eine bessere Abbindung erhalten, so müssen die Konturen noch mit einzelnen Abbindepunkten versehen sein.

Soll das Gewebe auf beiden Seiten die Figurstellen broschiert zeigen, so ist nach der Fig. 118 zu verfahren, bei welcher die Schiffchen nach jedem oberseitigen Broschierschusse und Fachschlusse durch rückläufige Bewegung wieder in die erste ursprüngliche Stellung gebracht werden. Diese Art der Broschierung wird bei kleingemusterten Kleideretaminen angewendet und haben solche Stoffe große Ähnlichkeit von mit Nadel besticken Stoffen. Um also die Übelstände des Lancierens zu vermeiden und das meist kostbare Material zu sparen, wendet man so viele Broschierschützen an, als Broschiermuster und Farben vorhanden sind.

Die Broschierfiguren im glatten oder gemusterten Grundgewebe haben bei gleichem Grundrapporte verschiedene Lagenanordnung, und zwar:

1. Sie liegen bei Streifenfigur immer in der Längsrichtung des Stoffes; in diesem Falle bleibt der Schützenträger der Broschierlade unverrückt.

2. Sie liegen leinwandartig, Fig. 119, diagonal, köperartig versetzt, atlasartig oder allgemein verstreut; dann wird nach jeder Vollendung einer

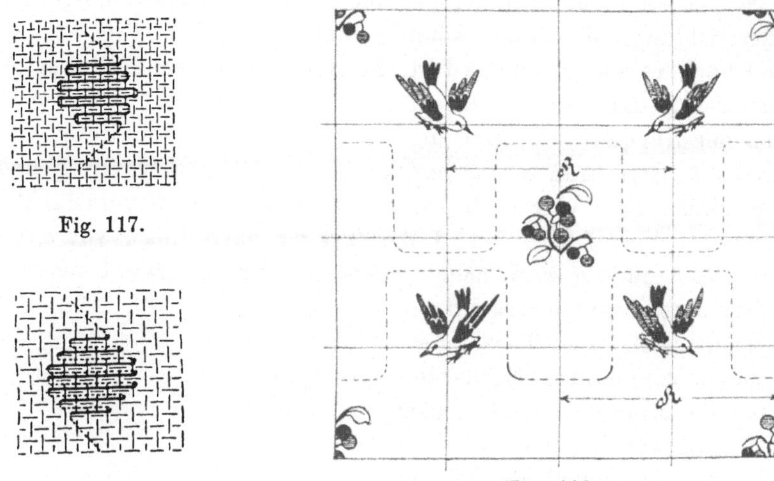

Fig. 117.

Fig. 118.

Fig. 119.

horizontalen Reihe der Broschierfiguren eine Versetzung des Schiffchenträgers um $^1/_2$, $^1/_3$, $^1/_4$, $^1/_5$ Rapport oder mehrweniger vorgenommen, was man dadurch erzielt, daß der Schützenträger A am Senker L mit Klinke K, Fig. 23, mit Kerbenstange eingestellt wird.

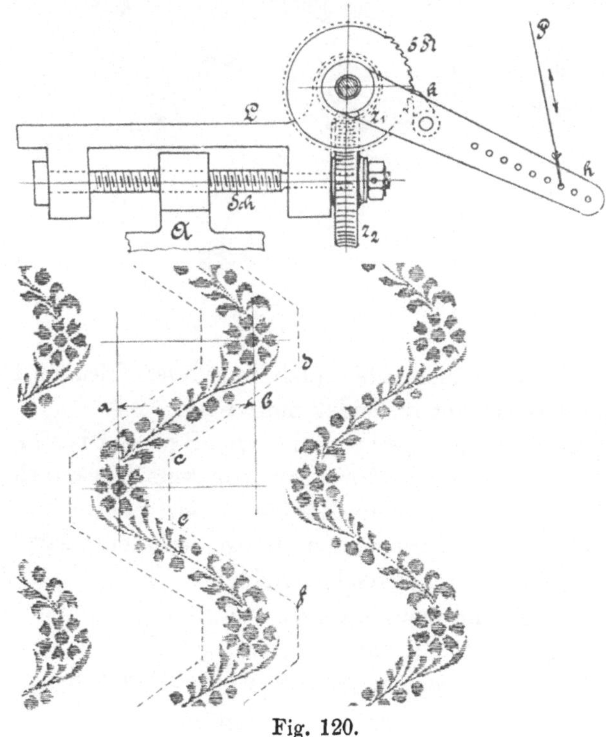

Fig. 120.

3. Sie haben mehr oder weniger ansteigende zusammenhängende Zickzack- oder Schlangenlinienform, können auch übergreifen, Fig. 120, und abwechselnd nach rechts und links fortschreiten; in diesem Falle erfolgt die fadenweise Schaltung des Schiffchenträgers um einen oder mehrere Kettenfaden von der Jacquardmaschine aus mit Hilfe eines Schaltapparates mit Klinkenhebel h, Schaltrad SR, Schnecke Z_1 und Schneckenrad Z_2 und einer Schraubenspindel Sch, welche die Mutter des Trägers A verschiebt, somit auch letzteren. Von f nach e wird der Träger nach links, von e bis c ist Stillstand, von c nach d wird nach rechts geschaltet. Die Umkehr von A erfolgt durch einen zweiten verkehrt wirkenden Schalthebel. Das Charakteristische bei diesem sogenannten Schneckenversatz ist die Möglichkeit, Broschierfiguren von größerer Breite wie die Broschierladenöffnung herstellen zu können.

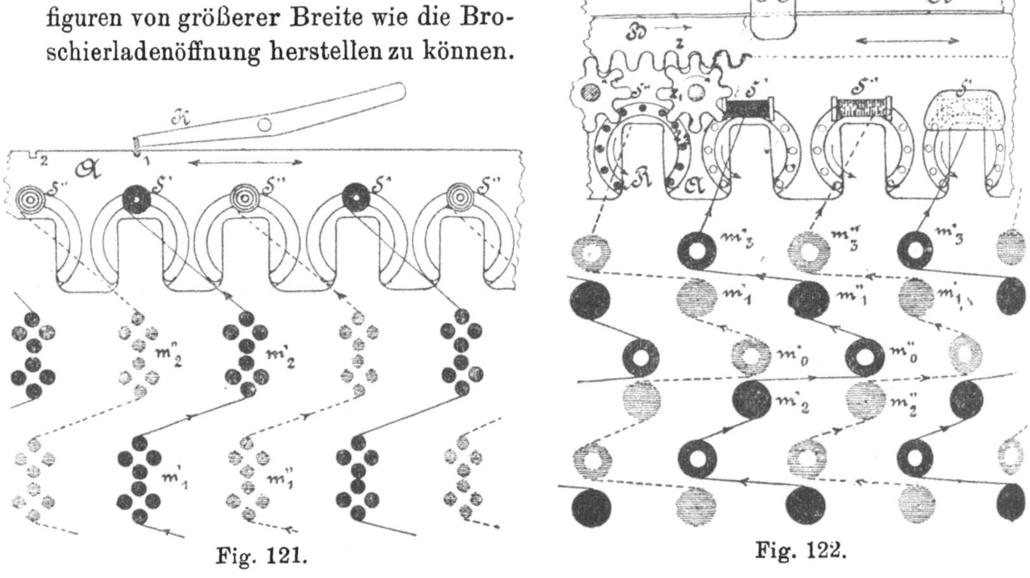

Fig. 121.
Fig. 122.

Nachdem die Broschierstellen auch durch verschiedene Farbengebungen abwechseln können, so unterscheidet man noch

4. den zweifachen springenden Broschierladenversatz, Fig. 121, bei welchem durch Einsetzen von verschiedenfarbigen Broschierspulchen S', S'' abwechselnd bunte Effekte $m_1'\, m_1''$ und $m_2''\, m_2'$ erzielt werden;

5. den vierfachen springenden Broschierladenversatz, Fig. 122, bei welchem wie vorher durch verschiedenfarbige Spulchen und wechselndem Einsatze 2, 0, 1, 3 und leinwandartig versetzten Figurstellen ein in gebrochenem Köper liegende und mehrfarbige Effekte m_2', m_0'', m_1' und $m_3' - m_2''$, m_0', m_1' und m_3'' hergestellt werden können.

Zur Ausführung dieser Arbeit benutzt man

die Broschierlade.

Sie ist, was die Konstruktion anbelangt, von der Lancierlade verschieden, jedoch mit dieser oder der einfachen Schnellade vereinigt. Sie besteht der Hauptsache nach aus drei Teilen; aus einem horizontalen, zwischen den Ladenschwingen in Führungen F auf- und abwärts verschiebbaren Senker L,

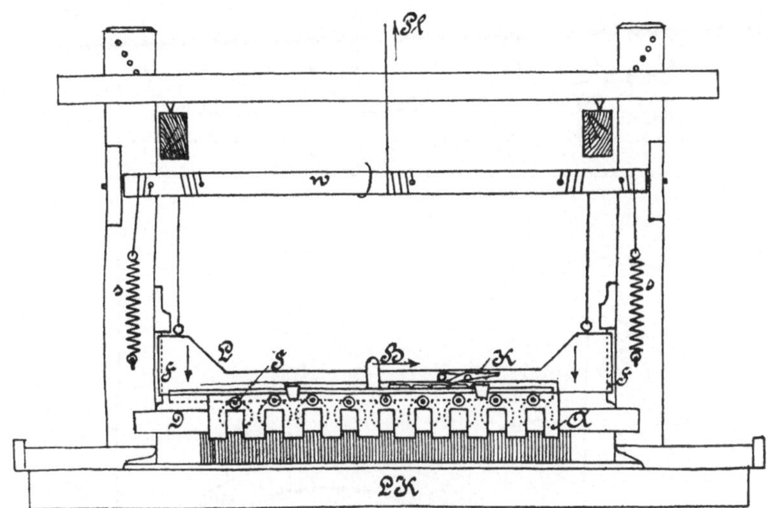

Fig. 123.

Fig. 123, so daß dieser von Hand aus oder durch eine Reserveplatine Pl bis zum Ladendeckel herabgesenkt werden kann, damit der zweite Hauptteil, das ist der **Träger der Broschierschützen** A, in das geöffnete Fach hineingreift. Der dritte Teil ist der **Schieber** B, der die Schützen nach rechts

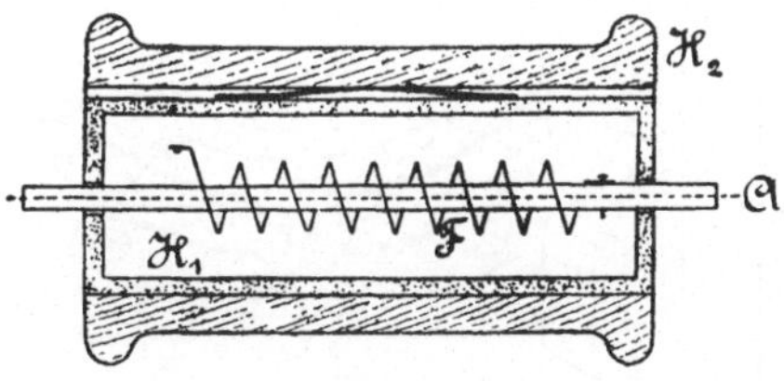

Fig. 124.

oder links unterhalb der ausgehobenen Fäden hinwegbewegt. Nachdem der Broschierschuß eingetragen ist, läßt man den Teil L los, damit er wieder in die Anfangsstellung kommt, was die Federn s bewerkstelligen. Bisweilen wird eine Figur durch **zwei** Broschierschüsse gebildet. Die hiezu verwendete Broschierlade hat **zwei Schützenträger,** deren Schützenschieber bei wechselndem Fache nacheinander arbeiten.

Die Bewegung der Schützen, welche häufig nur Spulen sind, erfolgt durch Zahnräder in Verbindung mit Zahnstangen, ähnlich wie jene in der Bandweberei.

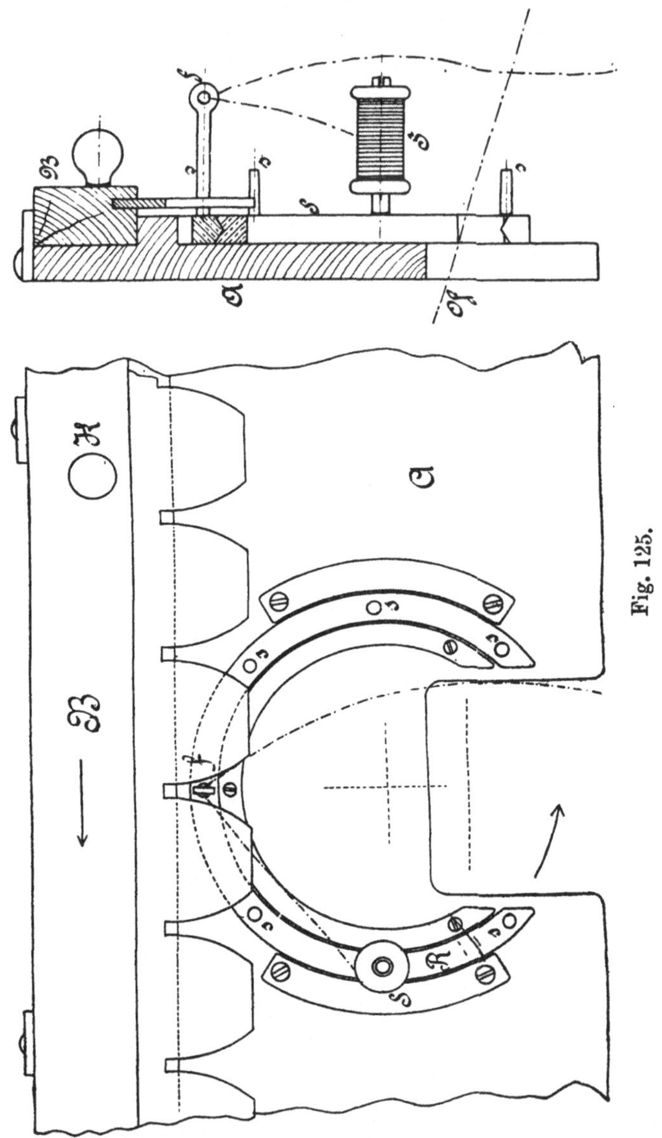

Fig. 125.

Die Broschierschützen sind entsprechend klein und enthalten stets Vorrichtungen, welche das Spulchen bremsen und den beim Niedersenken des Trägers schlaffgewordenen Broschierschuß zurückwickeln und spannen. Es besitzt daher die Spule in ihrem Innern ein Spiralfederchen F, welches Fig. 124 einerseits mit der Spindel A, anderseits mit der Spule H_2 durch

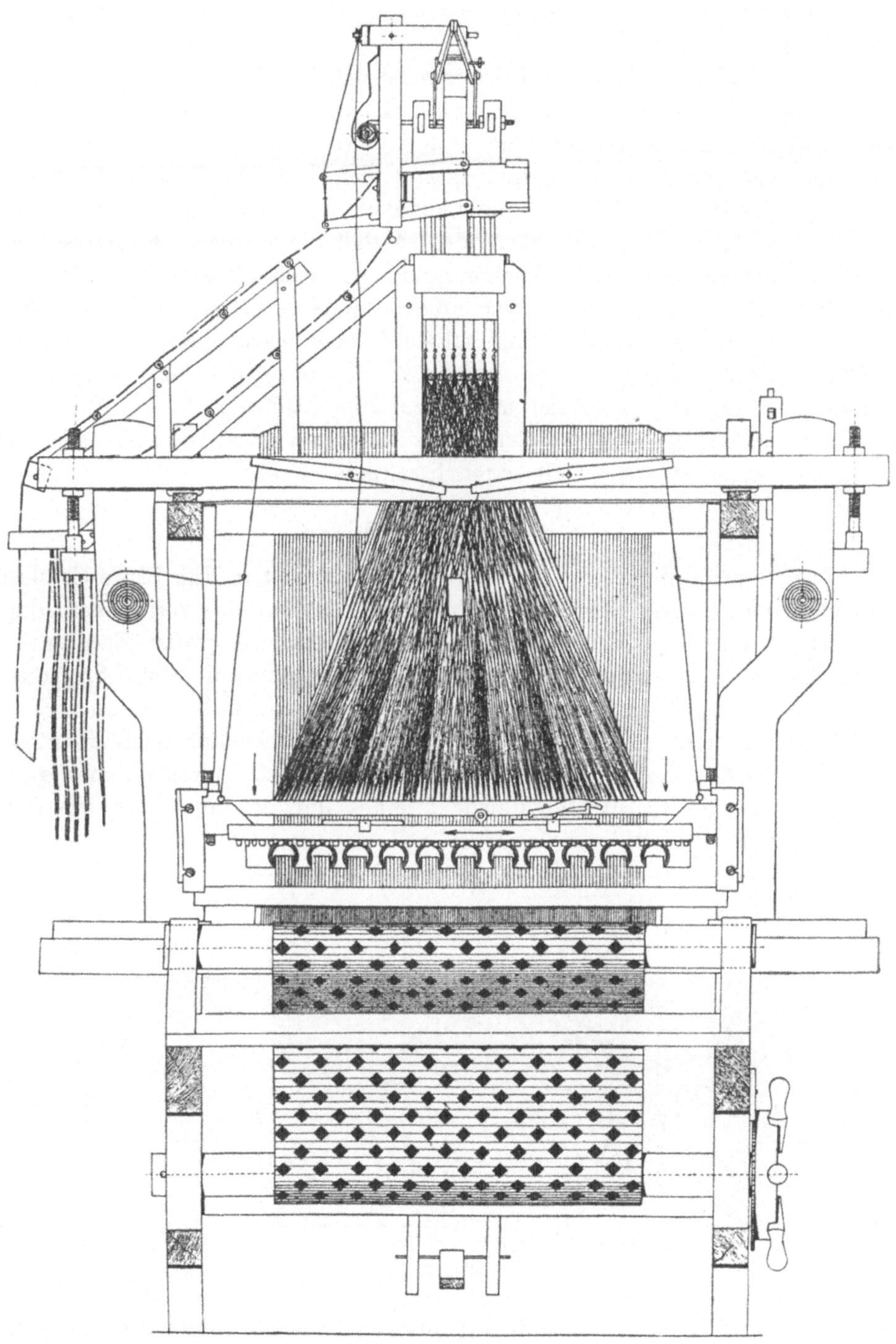

Fig. 126.

Reibungsfeder mit der Hülse H_1 verbunden ist, auf welche die Spule gesteckt wird.

Beim Aufwärtsgange des Trägers wird die Spiralfeder anfangs gespannt und schließlich überwindet der verwebte Schuß die Reibung der Achse oder der Spule. Beim Niedersenken der Lade bewegt die Spiralfeder die Spule in entgegengesetzter Richtung und spannt den lockeren Faden. Weil nun alle Teile des Schützenträgers Raum beanspruchen, muß die verkehrte Seite des Gewebes nach oben gerichtet sein, so daß die geringere Fadenzahl des Broschieroberfaches in die Ausnehmungen des Schützenträgers zwischen den Broschierschützen eingreifen. Diese allgemeine Anordnung der Teile enthält jede Broschierlade. Jedoch unterscheidet man nach ihrer Konstruktion mehrere Arten derselben, und zwar: 1. die Ringellade mit rotierenden Schützen, 2. die Broschierlade mit verzahnten Schützen, 3. die Broschierlade mit im Bogen bewegten Schützen, 4. die Wiener Broschierlade und 5. die Schweizer Broschierlade, auch Sticklade genannt.

1. Die Ringellade.

Die ursprüngliche Art einer derartigen Lade ist in Fig. 125 ersichtlich. Der Schützenträger A trägt die ringförmigen, mit Stiften s versehenen Ringschützen R, welche in den Schützenschieber B, eine mit großen Zähnen versehene Zahnstange, eingreifen. Auf einem Stiftchen steckt die Spule S; f dient als Fadenführer. Bei der Bewegung des Knopfes K und B in horizontalem Sinne macht der Ring eine vollständige Umdrehung, d. h. er kommt in die ursprüngliche Lage zurück, indem er sich unterhalb der Broschierstelle hinbewegt.

Fig. 126 bringt die Totalansicht eines Jacquardbroschierwebstuhles mit Ringellade.

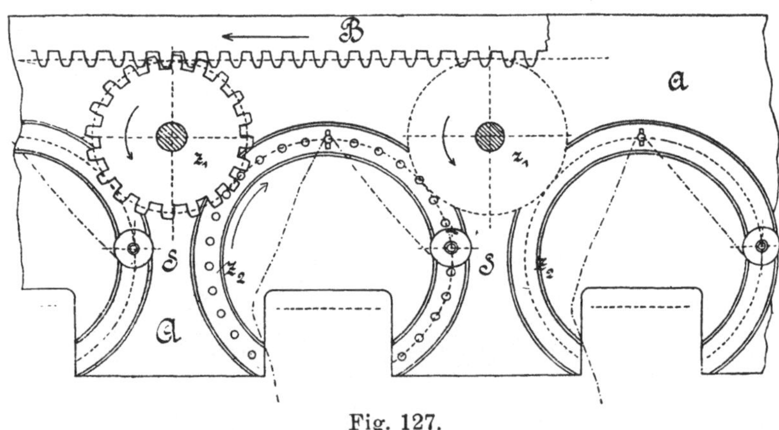

Fig. 127.

Eine ähnliche Art der Lade mit rotierenden Ringschützen mit Zwischenrädchen ist in Fig. 127 ersichtlich. Der gezahnte Schützenschieber B greift in die Rädchen z_1 und diese in zwei verzahnte Ringschützen z_2 ein. Spule und Fadenführer sind in anderer Weise angeordnet wie bei Fig. 122.

2. Die Broschierlade mit verzahnten geraden Schützen.

Fig. 128. Bei dieser werden die Schützen ebenso zwangsläufig bewegt wie bei der vorhergehenden. Der Schützenschieber B greift in die Rädchen c

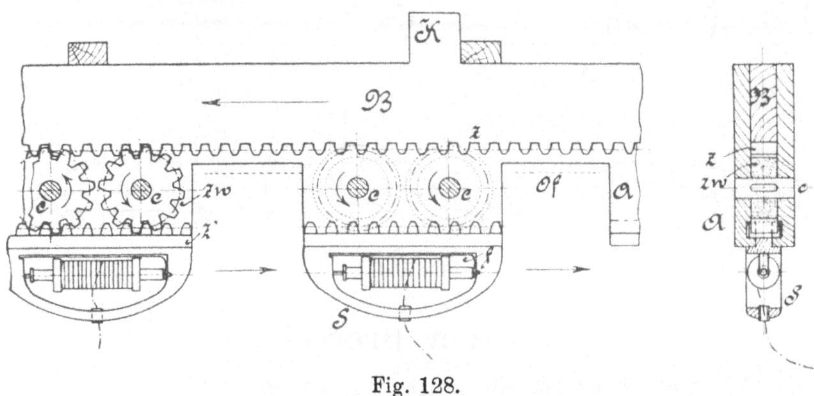

Fig. 128.

und diese in die verzahnten Schützen, welche mit Feder und Nut horizontal verschiebbar sind. Die Schützen können hiebei entweder nach Fig. 128 vertikal nach abwärts gerichtet sein oder nach Fig. 129 hozizontal stehen, oder aber auch nach Fig. 130 in mehreren, z. B. 3—4 Reihen B_1, B_2, B_3 im Träger A angeordnet sein, so daß die in der Fig. 119 ersichtliche drei-

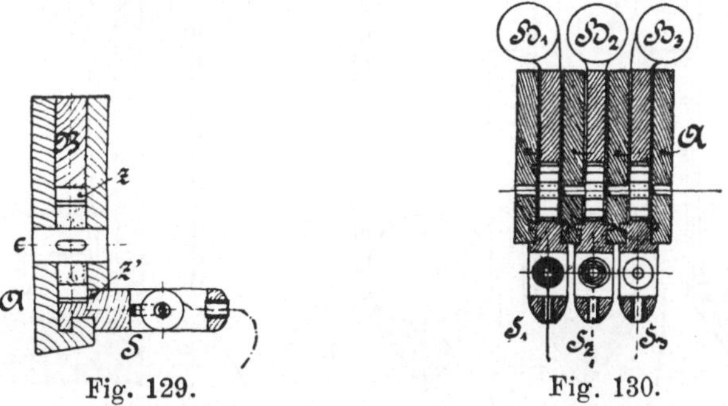

Fig. 129.　　　　Fig. 130.

farbige Bemusterung möglich ist. In diesem Falle folgen zwischen je einem durchgehenden Grundschusse drei Broschierschüsse hintereinander.

3. Die Broschierlade mit im Bogen bewegten Schützen.

Der Schützenträger A, Fig. 131, enthält bogenförmige Nuten zur Aufnahme und Führung der gekrümmten Schützen S, welche an ihrem Ende je ein Loch besitzen, in das ein gabelartiger Teil C eingreift. C hat einen

Drehpunkt und das andere Ende bildet ein verzahntes Kreissegment. Wird nun B verschoben, so bewegt sich C im Bogen, die eine Gabelzinke verläßt die eine Schütze, die andere greift tiefer in die zweite hinein und zieht die andere Schütze nach.

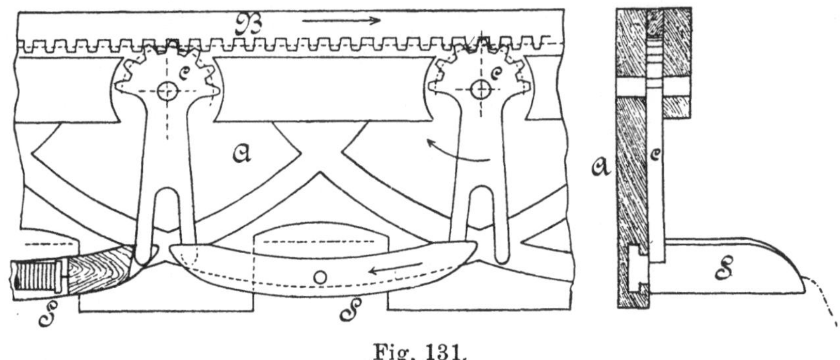

Fig. 131.

4. Die Wiener Broschierlade.

Der Schützenträger ist ein hölzernes, gut glattgemachtes Gehäuse A, Fig. 132. Die Broschierkettenfäden werden seitlich etwas zusammengedrängt und kommen in die punktierte Stelle zu liegen. Die Spule S befindet sich

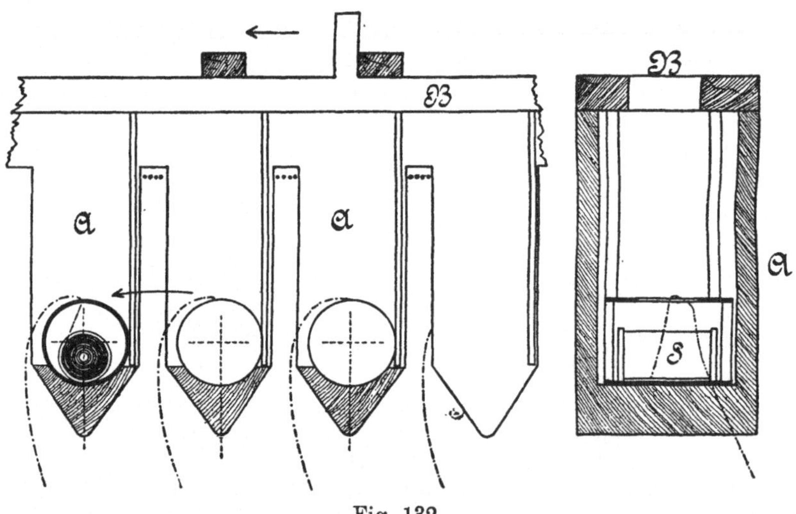

Fig. 132.

in einer Metallhülse, welche in einer Hohlkehle des in das Fach hineinreichenden Häuschens liegt. Der Schieber B enthält vertikale Drähte, welche bei einer Verschiebung die Spulen zwingen unter der Broschierstelle hinweg zu rollen und auf diese Weise die Stelle auszutauschen, d. h. in das leergewordene Nachbarhäuschen sich einzulegen.

5. Die Schweizer Broschierlade.

Sie ist von großem Vorteile bei eng aneinander liegenden Broschierstellen. Fig. 133 *A* trägt durch die Führung die Schützen *S*, welche durch
Blattfedern *f* bei *n* angedrückt, horizontal verschoben werden können, sobald

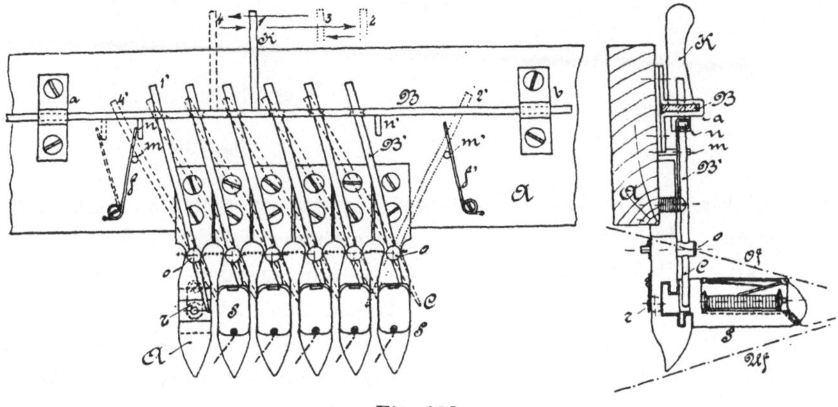

Fig. 133.

der Schützenschieber *B* und die schwingenden Teile B_1 bewegt werden. Die
Zeichnung gibt gerade den Moment an, wo die Schiffchen den rechten Teil
verlassen werden und in den linken eintreten.

Weil in einem broschierten Gewebe die Broschierstellen in beliebiger
Lage auftreten, so lassen sich für alle diese Lagen der Schützenträger samt
Schieber und Schützen an dem Teile *L*, Fig. 122 und 123, entsprechend
ein- und feststellen.

XVI. Das Besticken.

Diese Verzierungsart der Gewebe ist dem Broschieren verwandt, be-
zweckt jedoch das figurmäßige Anbinden von Kettenfäden auf dem Gewebe.
Die Effektbildung erfolgt durch Lagenverschiebung eines oder mehrerer
Kettenfaden, Hervorhebung von solchen oder Einweben von gemusterten
Perlschnüren u. ä. Man benutzt dazu jeweils dem Zwecke entsprechend
konstruierte Laden und Kämme.

1. Die Sticklade oder der Nadelstab.

Fig. 134 zeigt die Art der Anbindung zweier Figurfäden an die Oberfläche des Gewebes mit einem Nadelstabe, welcher nach je vier Schüssen
nach links und nach rechts verschoben und gesenkt wird; Fig. 135 zeigt
eine Musterung für zwei Nadelstäbe, die nach mehr oder weniger Schüssen
in versetzter Weise anbinden; Fig. 136 zeigt eine symmetrisch verlaufende

Figurbildung mittelst zweier regelmäßig in entgegengesetzter Bewegung befindlichen Nadelstäben, deren Anheftung nach je einem Schusse erfolgt.

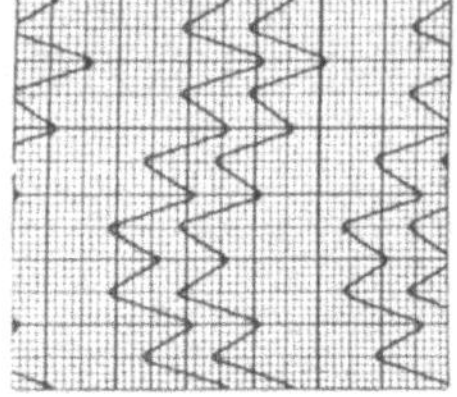

Fig. 134.

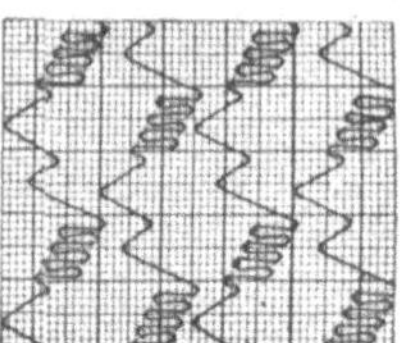

Fig. 135.

Die Sticklade, Fig. 137, besteht der Hauptsache nach aus einer horizontalen Holzleiste, dem Nadelstabe L, in welchem vertikal stehende Nadeln befestigt sind. Durch die Öhre der Nadeln werden die Musterfäden gezogen, welche auf einer Holzrolle R hinter dem Ladendeckel LD angeordnet sind. Der Nadelstab L ist parallel mit dem Ladendeckel unterhalb desselben, unmittelbar am Blatte und so mit der Lade vereinigt, daß er sich hoch, tief, nach links und rechts bewegen läßt. Die Ladenbahn enthält eine Nut, in welche die Spitzen der Nadeln eintreten. Das Weben geschieht in der Weise, daß zunächst das gewöhnliche Webfach geöffnet

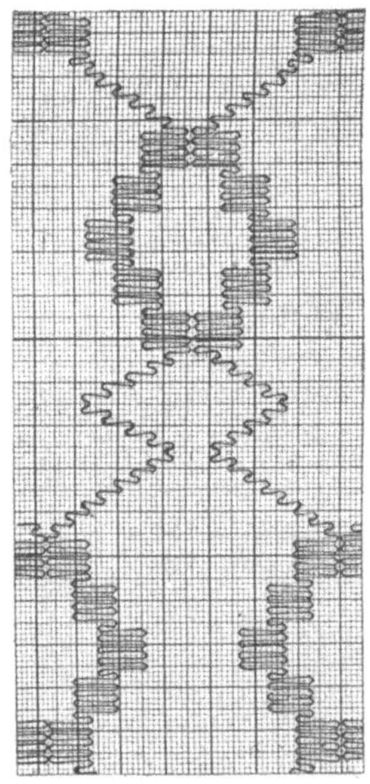

Fig. 136.

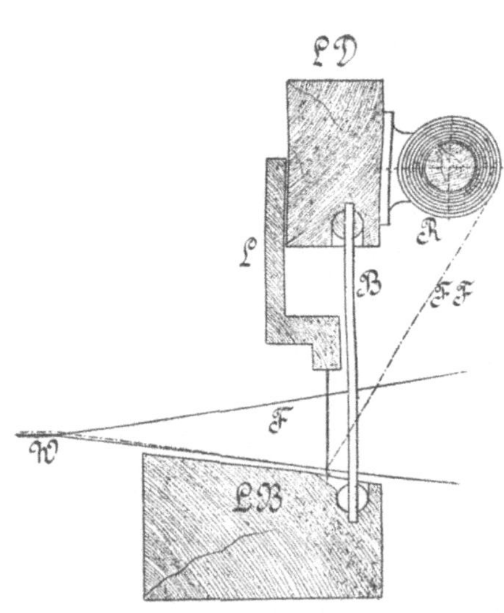

Fig. 137.

wird; hierauf senkt man den Nadelstab so tief, bis die Musterfäden in die Ebene des Unterfaches zu liegen kommen. Durch dieses Fach trägt man nun den gewöhnlichen Schuß ein, welcher somit sämtliche Musterfäden mit dem Gewebe verbindet. Fig. 138 zeigt eine vollständige Sticklade nach Webschullehrer J. Rösel in Rochlitz i. R.

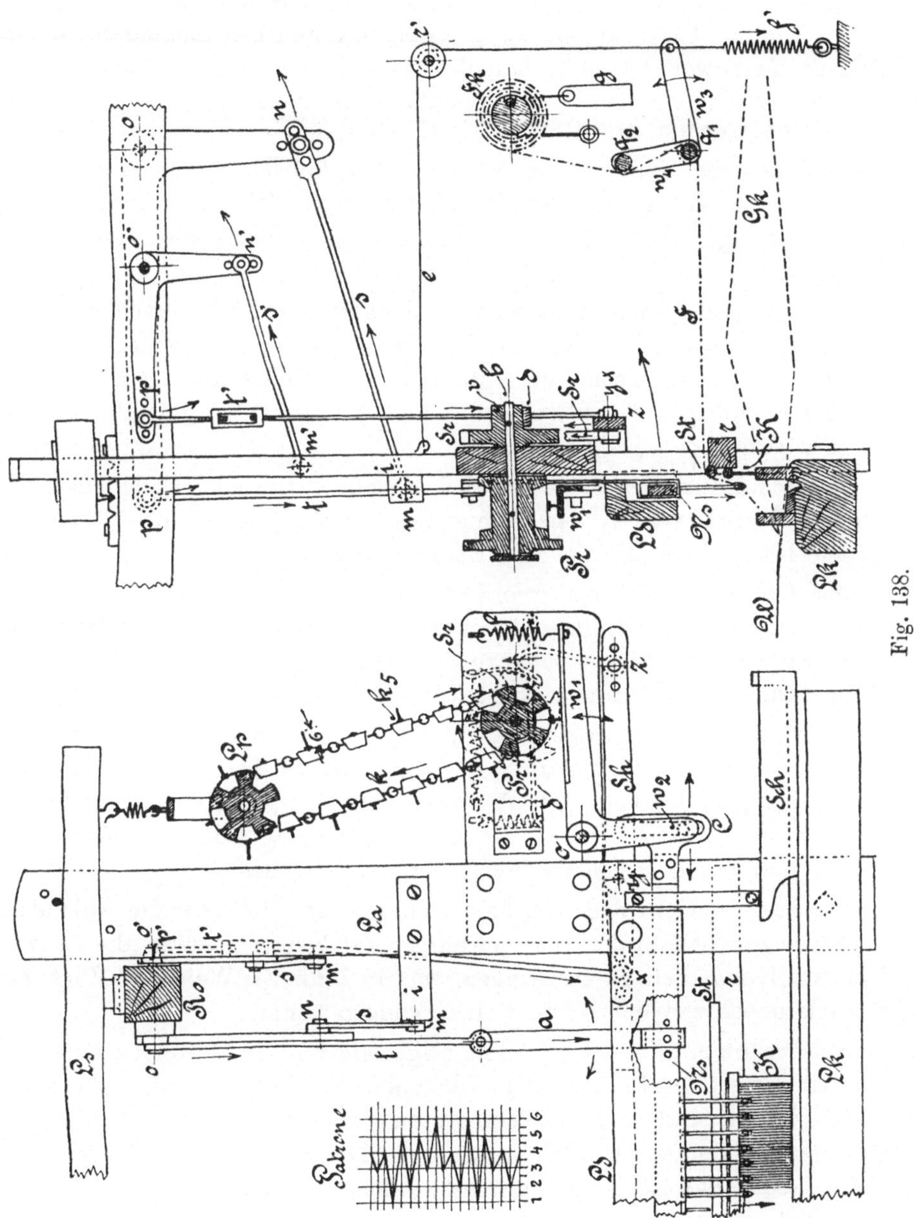

Fig. 138.

Bei dieser Lade, Fig. 138, werden am Handstuhle alle notwendigen Bewegungen des Nadelstabes selbsttätig ausgeführt, so daß jeder Weber damit ohneweiters zu arbeiten vermag. Der Nachlaß der Stickkette, die Schaltung der Stiftenkarte, die Verschiebung, die Hebung und Senkung des Nadelstabes geht von der Bewegung der Lade aus. Beim Auswärtsgang des Ladenarmes La wird von m aus vermittelst der Stange s der Winkelhebel nop, die Stange t und des daran gelenkig verbundenen Zugbandes a, der Nadelstab Ns soweit gesenkt, daß die Nadelspitzen sich mit den über die Riegelführung St, r zulaufenden Figurfäden in einer Nut der Ladenbahn unter dem Unterfache stehen. In dieser Tiefstellung erfolgt der Schützendurchwurf aus dem Kasten Sch mit der gewöhnlichen Treibervorrichtung, somit auch die Anbindung der Figurfäden. Beim folgenden Einwärtsgang der Lade erfolgt durch dasselbe Gestänge die zwangsweise Hebung des Nadelstabes.

Da nun nach jedem Schusse eine Rechts- oder Linksverschiebung des Nadelstabes, beispielsweise wie in der Patrone ersichtlich, erforderlich ist, ist rechtzeitig der am Ende zur Kulisse C ausgebildete Nadelstab von dem Winkelhebel $w_2 o w_1$ mit Stiftenkarte k und Prisma Pr eingestellt und mit Drücker d gesichert worden.

Die Schaltung des Prismas wird ebenfalls von der Lade eingeleitet durch das Gestänge $m'\,s'$, den Winkelhebel $n'\,o'\,p'$, der Stange t' und den Schalthebel $x\,y\,z$ mit Klinke und Sperrad Sr.

Der für die Stichlänge erforderliche Ausschlag des Hebels w_1 hängt von der nach den Stufenlinien 1 bis 6 der Patrone bemessenen Stifte auf den Karten ab. Zu diesem Zwecke besitzen die Stifte Schraubengewinde mit Gegenmutter zur genauen Einstellung der Höhe.

Die Spannung der Stickkette Fk ist leicht nachgiebig und wird beim Ausschlag der Lade die Schnur e gelockert, worauf die Feder f' den Nachlaßhebel $w_3 w_4$ so bewegt, daß die über die Stangen q_2 und q_1 geführten Figurfäden F gelockert werden, beim Ladenanschlag jedoch wieder in die richtige Spannung kommen um Schlingen zu vermeiden.

Diese Lade stickt demnach bei jedem Schusse. Soll aber die Anbindung nach beliebiger Schußzahl und vielseitiger erfolgen, so wären die Stangen a, t in eine Kniehebellage zu bringen, was in ähnlicher Weise mit Zugstange und Fühlerhebel von der Karte k aus erfolgen könnte.

Man bekommt daher Figuren im allgemeinen nach Abbildung 134—136, welche einseitig oder in Spitz angeordnet das Ansehen wie aufgenäht haben. Für Spitzfiguren sind zwei Nadelstabsysteme erforderlich. Alle Nadeln eines Stabes werden gemeinschaftlich verschoben. Daraus folgt, daß die Form der Figuren beschränkt ist. Vielgestaltiger werden diese, falls die Nadeln einzeln und unabhängig voneinander gehoben und gesenkt werden können. Hiefür dient die in Fig. 139 dargestellte Einrichtung von Gebrüder Jones in London. Die angewendete Lade ist eine Stehlade, an welcher in Führungen m und s

die Nadeln N von unten nach oben durch Hebeschnüre i_1 einer Jacquard-einrichtung bei w bewegt werden können. Der Stickfaden f kommt von der Spule K_2, geht durch das Führungsblatt b über s_3 in die Hilfshelfe h, über s_2, s_1 durch die Öhre n zur Ware.

Die Figurplatine P hebt nach Erfordernis die Nadeln N, welche durch den Lochstab s in horizontaler Richtung verschoben wurden. Die Schütze a

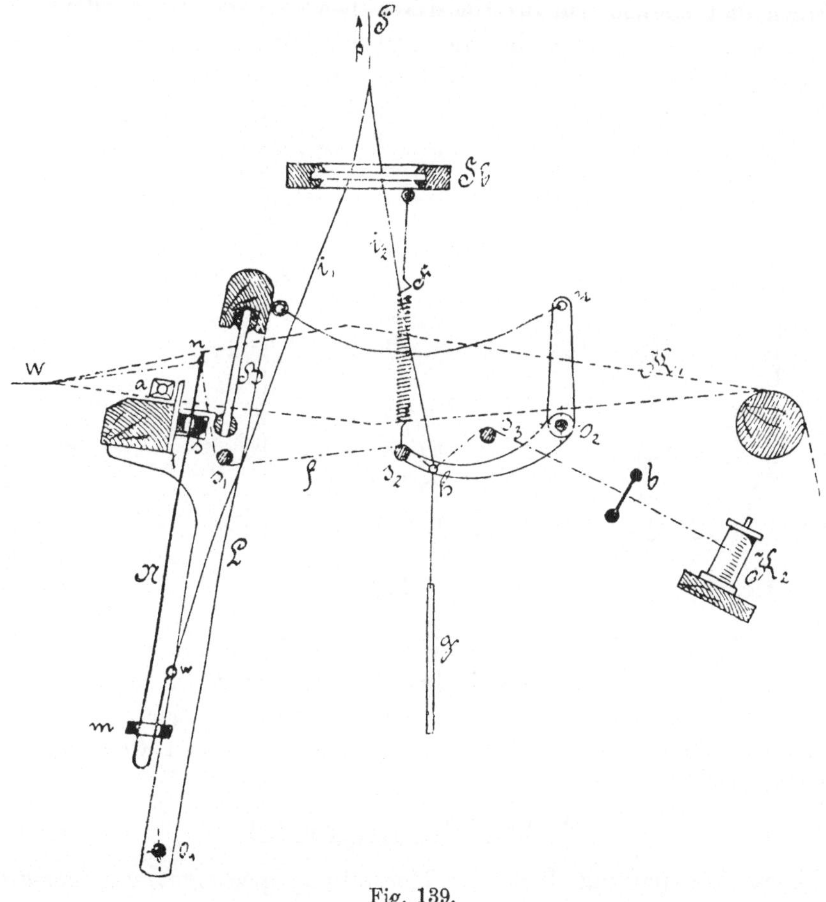

Fig. 139.

geht unterhalb der Stickfäden hinweg, indem sie sich an dem halben Füh-rungskamme t führt.

Nach dem Durchlauf der Schütze senken sich die Nadeln, die Lade schlägt den Schußfaden mit dem gewöhnlichen Kamme B an und s_2 läßt durch den Zug der Lade beim Anschlag die Figurfäden locker, um auch sämtliche Nadeln ganz senken zu lassen.

Eine andere Einrichtung an der Weblade ist

2. der Häkchenstab.

Derselbe ist ebenfalls an der Vorderseite der Lade angebracht. Er läßt sich horizontal und vertikal verschieben. Die Nadeln haben an den Enden offene Häkchen, Fig. 141. Die ganze Einrichtung dient dazu, um größere Fadengruppen zu verkreuzen und eine durchbrochene Wirkung hervorzurufen. Zu diesem Zwecke werden abwechselnd 4, 6 oder 8 Fäden ins Oberfach und ebensoviele ins Unterfach bewegt. Durch die offenen Räume des Oberfaches senkt man die Häkchen bis zur Mitte des Faches, bewegt hierauf die Nadeln seitlich und geht bis unter das Unterfach, faßt mit den

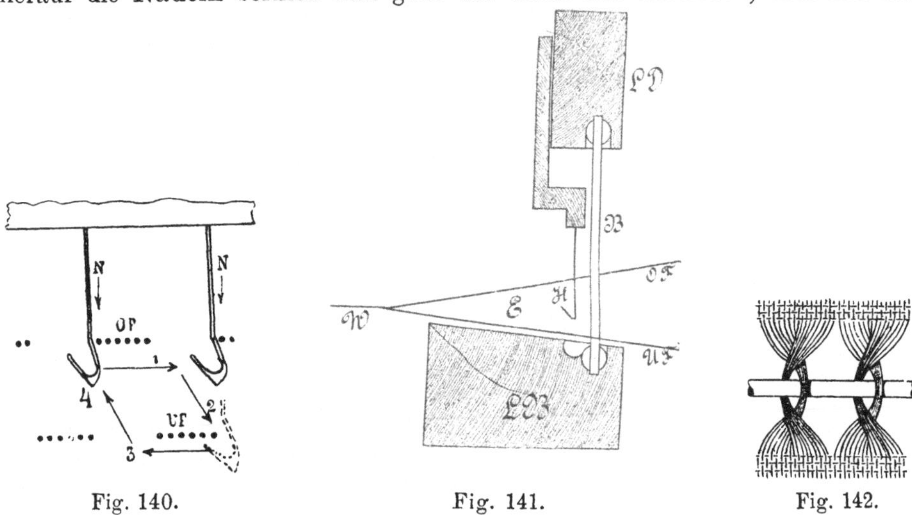

Fig. 140. Fig. 141. Fig. 142.

Häkchen, Fig. 140, die linksstehenden Nachbarfäden und zieht sie ins Oberfach, indem man zu gleicher Zeit das Oberfach senkt. In dieses Dreherfach, Fig. 142, schießt man zur Befestigung einen stärkeren oder mehrere Schüsse ein. Hierauf hebt man die Fäden aus den Häkchen und webt auf die gewöhnliche Art.

3. Der Schlingenstab.

Diese Vorrichtung dient zur Herstellung gestreifter und gemusterter, einseitig auf der Oberfläche des Stoffes liegender Schlingeneffekte (Frottierfiguren), während der Grund meist glatt in Leinwandbindung gewebt ist. In Fig. 143 ist der Durchschnitt und darüber die Draufsicht eines derartigen Stabes dargestellt. A sind links und rechts vom Gewebe vom Brustbaume angebrachte Bolzenführungen B, auf denen sich der Schlingenstab SS mit den rechtwinkelig geformten Nadeln N bei Bildung des Figurenoberfaches gegen den Kamm in das Fach vorschiebt (siehe N') und dann mit den abgebogenen Nadelenden unter die Figurstellen bewegt, worauf das Figurfach einfällt. Dadurch liegen nunmehr die schlingenbildenden Fäden der Figurkette *Fk* über den Nadeln (wie in der Samtweberei); sie werden nun wie üblich durch zwei oder drei Grundschüsse bei vorher erfolgtem Rückgange der Schlingenschiene bis an den Anschlag *A* eingebunden und die Nadeln wieder in der Schußrichtung herausgezogen. Bei wechselnden Figurstellen

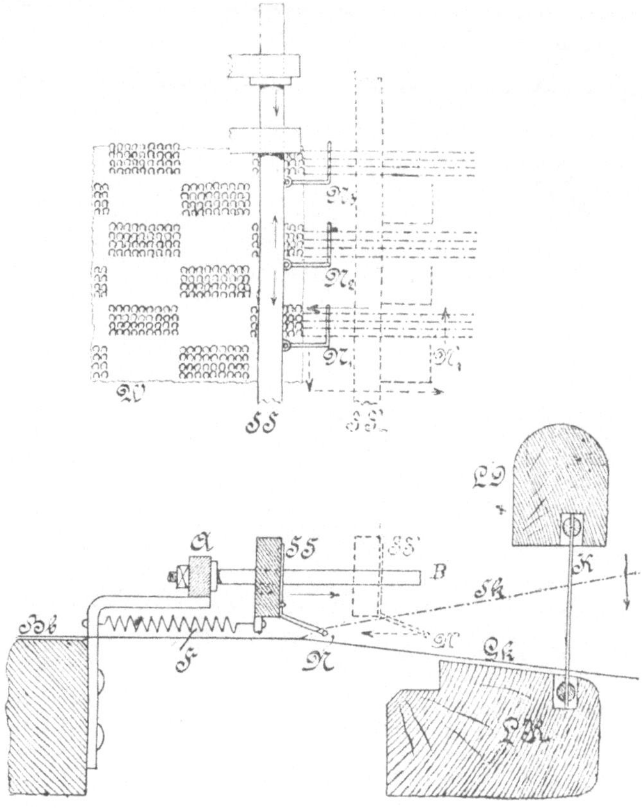

Fig. 143.

wird der Schlingenstab entsprechend versetzt. Die Verschiebung kann mittels der Hand, mit Tritt oder mit Platinen erfolgen. Die Schlingenketten erhalten nachgiebige Spannung.

4. Der Perlkamm.

Derselbe wird zur Verzierung von Stoffen mit aufgewebten Perlen in der **Perlweberei** angewendet. Die mit den Perlen bereihten Fäden bilden die Figurfäden einer besonderen Perlkette, welche z. B. nach dem Vorbilde, Fig. 144, um die Konturen eines damastartigen Musters mit Kett- und Schußeffekten eingewebt werden. Für je einen Flächenpunkt der Kontur wird eine Perle vorgeschoben und mit ihrem Faden an das Grundgewebe auf gewöhnliche

Art eingewebt, so daß die Perle an der Oberfläche der Ware aufliegt. Zum ordnungsmäßigen Zuführen einer Perle dient der sogenannte Perlkamm in

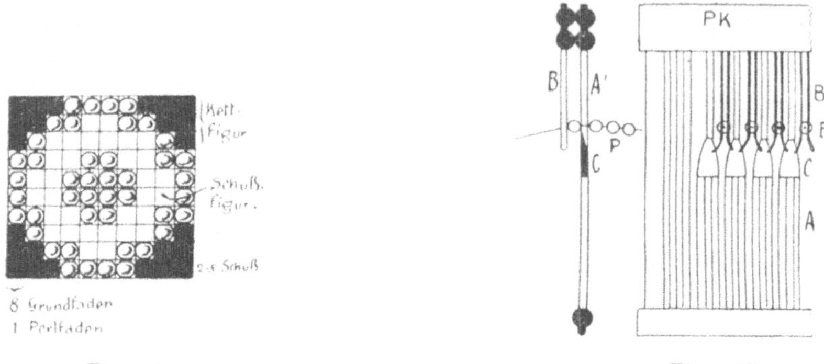

Fig. 144.

Fig. 145.

Fig. 146.

Verbindung mit zwei den Perlfaden bewegenden Jacquardhelfen. Der Perlkamm, Fig. 145, hat folgende Einrichtung: Die Zähne A nehmen mehr oder weniger Grundfäden und abstufungsweise auch den ledigen Perlbindefaden. Je drei oder mehr Zähne sind bei C so miteinander verlötet, daß nur zwei Zahnstäbe in der Mitte zur notwendigen Haltgebung (Einbindung) zum oberen Kammstab PK führen. Die Schnittzeichnung läßt bei C eine Abschrägung der Verlötung erkennen, welche den Zweck hat, die Trennung der gerade benötigten Perle von den übrigen vorrätigen zu sichern und nur eine davon in den zahnlosen Zwischenraum bei A' ein- und durchzulassen. Dies erfolgt dann, wenn der von Platine I aus gehobene Perlfaden PF, Fig. 146, die gewünschte Perle vorgeschoben (vor den Kamm A und hinter B), durch Senkung wieder niedergeht.

Bei B sind vor dem Grundkamme A' halbe Zähne eingebunden,. die gerade der größeren Öffnung gegenüberstehen und in die der Perlfaden bei der Hebung über C eintritt und die einzelne Perle durchläßt. Das letztere ist nur dann der Fall, wenn die Perlhelfe PH von der Perlfigurplatine PFP_I gehoben wird. Die Figurplatine II ist mit schlaffer Oberhelfe mit dem Perlfadenauge verbunden, so daß bei gleicher Hebung der Jacquardmaschine der Perlfaden sich nur bis zum Fache PO hebt und nicht in den halben Kamm eintritt, was für die gewöhnliche Figurabbindung notwendig ist. Das Auge der Perlhelfe PH ist so groß, daß die Perlen bequem durchgleiten können. Die beiden Figurplatinen werden unmittelbar mit Anhangeisen beschwert, um den richtigen Niederzug der Platinen zu bewerkstelligen.

Überall dort, wo im Gewebe eine Perle auftreten soll, wird die kurze Helfe gehoben und dort, wo keine Perle erscheinen soll, aber dennoch derselbe Faden ins Oberfach gelangen soll, wird die lange Helfe gehoben.

XVII. Das Weben mit Ruten.

Um ein Gewebe mit Kettschlingen auszurüsten, werden sogenannte Ruten oder Nadeln eingetragen, über welche die Flor- oder Polkette so bindet, daß die Nadeln mit Grundschüssen und Bindekette fest über dem Grundgewebe eingewebt wird. Sie können aber entweder wieder herausgezogen werden, so daß stehende Kettschlingen auf der Oberseite des Gewebes verbleiben oder es werden alle über der Nadel befindlichen Polkettenfaden mittels eines Messers (Dreget) längs einer Nut der Nadel aufgeschnitten, wodurch die Nadel oberseits herausfällt und die Polfäden sich zu Haarbüscheln (Flornoppen) formen. Im ersten Falle heißen die Stoffe je nach Material und Qualität gezogene Samte, Plüsche, Velvets, Krimmer oder Kräuselstoffe, im zweiten Falle heißen dieselben geschnitten, die Nadeln Zug- oder Schneidruten; es gehören hieher auch die gezogenen hochflorigen, färbig figurierten Brüsseler Teppiche, die geschnittenen Tournai-Teppiche und die (bedruckten) Tapestry-Teppiche.

Zur Charakterisierung der Webetechnik dieser Stoffe ist in den Fig. 147 und 148 ein fünfkoriger Brüsseler Teppich herausgegriffen, bei welchem das Gewebe aus einer neutralgefärbten Grund- oder Bindekette, einer hervorleuchtenden fünffärbigen Florkette und einer grauen Füllkette besteht. Damit die Flornoppen feste Lage erhalten, werden je drei Grundschüsse nach jeder Nadel eingewebt, welche gezogen oder geschnitten behandelt werden kann. In der Fig. 147 ist das theoretische Schema der Bindung, die Reihenfolge der Ketten und Fäden, die mehrkettige Beschnürung, der Einzug in die Schäfte, den Kamm, die Schnürung mit den Tritten für Hebung und der längs der Linie $\overline{ab}$ sich ergebende Schnitt dargestellt. Die beiden Bindeschäfte erhalten die Bindekette mit zwei Tritten und Wellengegenzug.

Der Füllschaft und der Polschaft werden mit Hebelaufzug eingerichtet, wenn die Kette im Unterfache steht, mit Wellenzug, wenn die Kette im Oberfache steht; ein Gegengewicht dient in beiden Fällen zur Ausgleichung und Rückbewegung.

Der Polschaft besitzt Fachhelfen, durch welche alle Florfäden einer Kettenlinie gemeinschaftlich gezogen sind und welche das unbehinderte Einzelausheben des jeweiligen mehrfach gespulten Figurflorfadens durch die Jacquardmaschine gestatten. Die Füllkette dient zur Versteifung des Gewebes und zur Deckung der Polfäden auf der Unterseite, weshalb dieselbe meist zwei- bis dreifach eingezogen ist.

Die Bindung der Grundkette ist Querrips drei zu drei in symmetrischer Anordnung zu beiden Seiten der Polkettenlinien um eine regelmäßige Anordnung der gehobenen Florschlingen zu erzielen. Der Kammeinzug umfaßt für jeden Zahn: den ersten Bindekettenfaden, die zusammengehörigen Polfäden, den Füllfaden und den zweiten Bindekettenfaden.

Das Weben auf dem Handwebstuhle erfolgt in folgender Art:

Der erste Schuß: der zweite Grundtritt hebt den zweiten Bindeschaft; senkt den Pol- und Füllschaft;

der zweite Schuß: der erste Grundtritt hebt den ersten Bindeschaft, senkt den Pol- und Füllschaft;

in beiden Fällen bewegt sich der nicht gebrauchte Bindeschaft durch die Wellenverbindung entgegengesetzt;

der dritte Schuß wird naß geleimt für die Unterseite eingetragen; der dritte Tritt senkt den zweiten Bindeschaft und hebt den Pol- und Füllschaft;

der erste Nadelschuß mit dem Jacquardtritte hebt die gewünschten Figurfarben längs der Nadel;

der vierte Schuß: der erste Grundtritt hebt den ersten Bindeschaft, senkt Pol- und Füllschaft;

Polspulengestell
Füllkette
Bindekette
1. Korps Farbe
2. " "
3. " "
4. " "
5. " "
Schnurbrett
Jacquardhelfen
1. Bindeschaft
2. "
Füllschaft
Polschaft
Kamm
Muster
Lunte
Jk Fk
Kette Jk
Schnitt ab
Schuß
Jacquardtritt
Poltritt und Fülltritt
1. Grundtritt
2. Grundtritt
Tritt

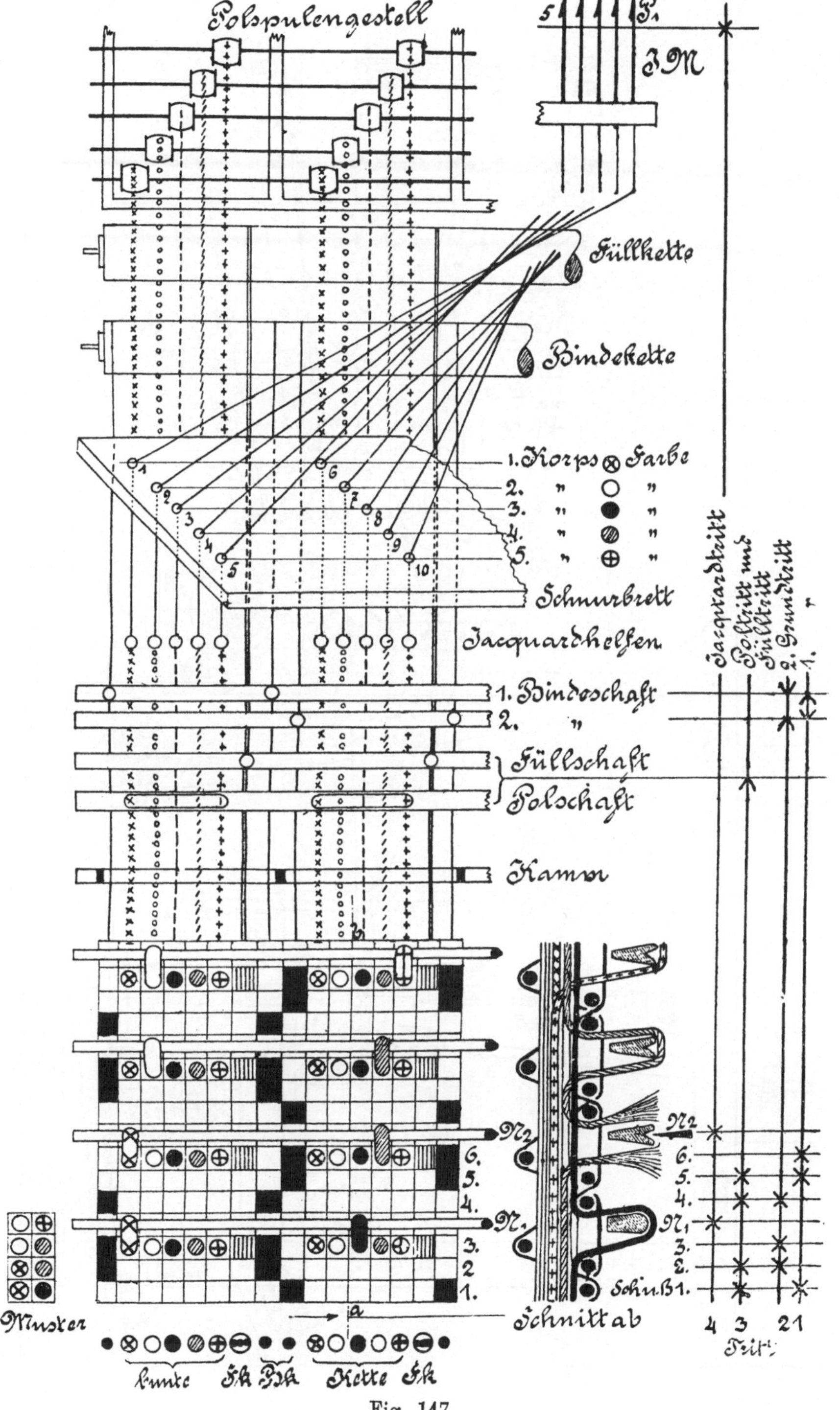

Fig. 147.

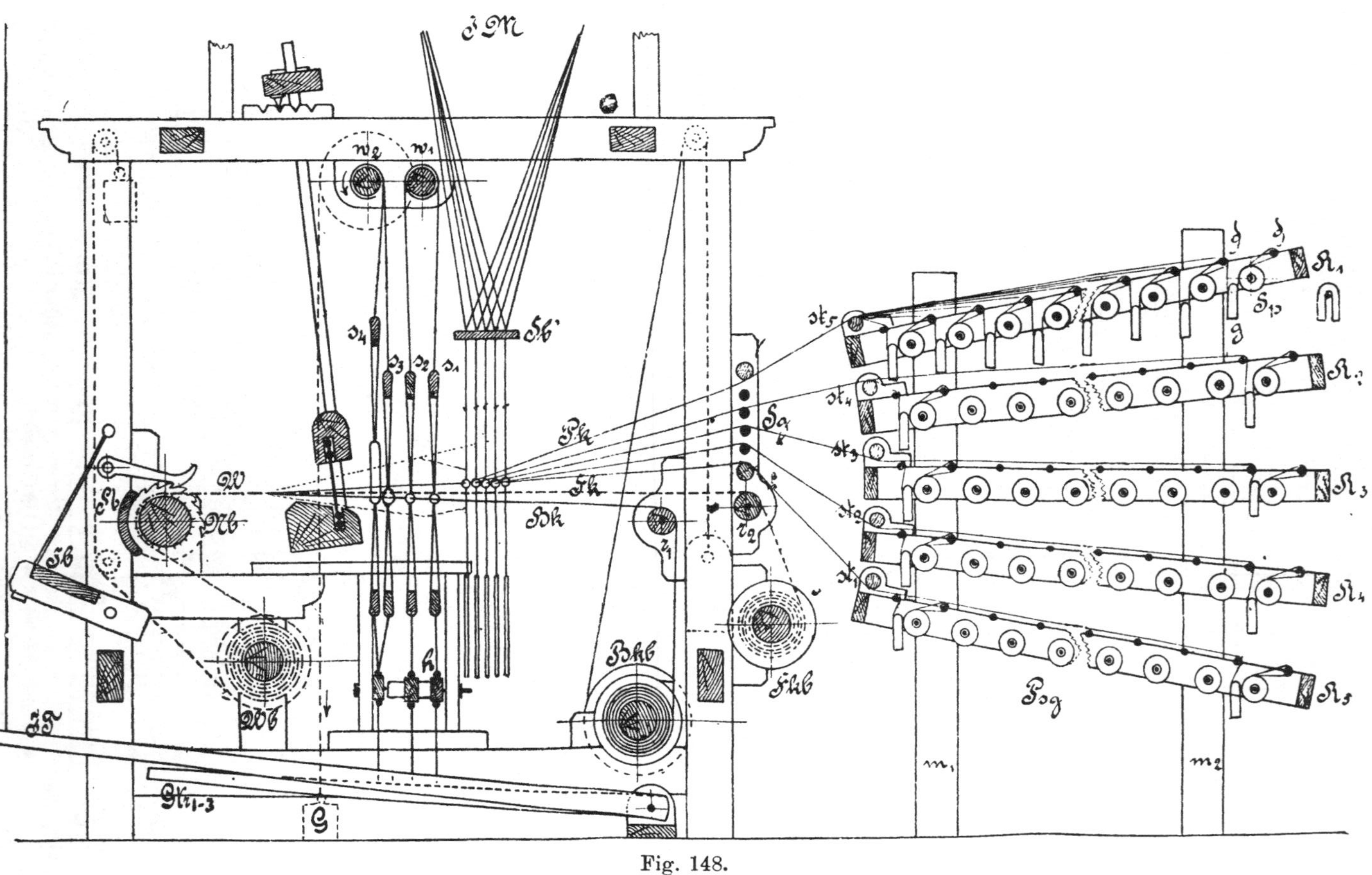

Fig. 148.

der fünfte Schuß: der zweite Grundtritt hebt den zweiten Bindeschaft, senkt
    Pol- und Füllschaft;

der sechste Schuß wird naß geleimt für die Unterseite eingetragen; der
    vierte Tritt senkt den ersten Bindeschaft, hebt Pol- und Füllschaft;

der zweite Nadelschuß: so wie der erste mit dem Jacquardtritte,

    worauf sich die Webweise wiederholt.

In der Schnittfigur $\overline{ab}$, Fig. 147, sind Zug- und Schneidnadeln im
Querschnitte dargestellt.

In der Fig. 148 ist der Gesamtquerschnitt eines derartigen Handstuhles
dargestellt. Jeder Polfaden ist auf einer separaten Spule Sp untergebracht;
letztere sind nach Farben und Gruppen in den horizontalen Gattern R_{1-5}
im **Polspulengestelle** Psg aufgesteckt.

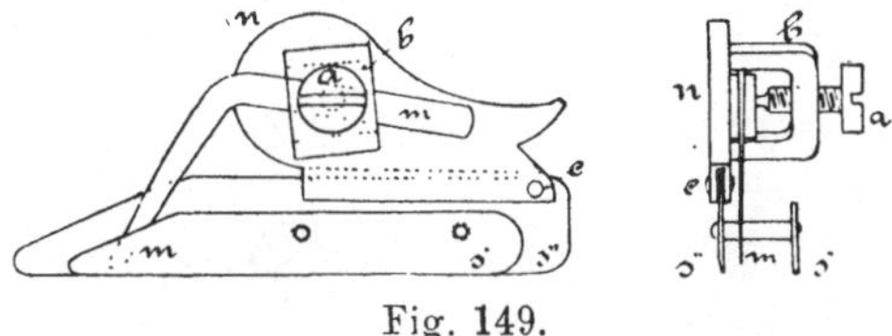

Fig. 149.

Die Fäden laufen von jeder Spule über Drähte d unterhalb eines
U-förmig gebogenen Bremsgewichtes g derart, daß jeder einzelne Faden für
sich beschwert ist und je nach Bedarf eingewebt werden kann.

Die Glasstangen st_{1-5} und die eisernen Ringelstäbe Sg an der hinteren
Stuhlsäule dienen zur Führung. Der Füllkettenbaum Skb erhält feste Spannung, der Bindekettenbaum Bkb starke, aber nachgiebige Spannung. Die
Ware wird am schaltbaren Nadelbrustbaume Nb festgehalten und auf den
Warenbaum mit Gegengewicht ohne Pressung aufgewickelt, damit sich die
Flornoppen nicht niederdrücken. Zum Schneiden wird das in Fig. 149 ersichtliche **Dreget** verwendet, das mit zwei Schlittenführungen längs der
ersten und letzten Nadel derart geführt wird, daß die scharfe Messerspitze
über der Nadelrille die Florfäden aufschneidet.

XVIII. Das Weben der Schlingen-
oder Frottiergewebe.

Man versteht unter einem Schlingenstoff in der Regel ein Gewebe,
das durch Kettenfadenschlingen ein- oder beidseitig gekennzeichnet ist,
jedoch nicht mit Ruten gearbeitet wird. Zur Erzeugung eines derartigen
Gewebes braucht man eine festgespannte in Rips bindende Grundkette, eine
nachgiebige Figur bildende Schlingenkette und einen Schuß. Es sind daher
mindestens ein Grundkettenbaum und ein Schlingenkettenbaum oder bei

beidseitig zweifärbigen Jacquardmustern neben dem Grundkettenbaume noch zwei Figurenkettenbäume erforderlich.

Bei dem einfachsten mit Schäften nach Fig. 150 zu bildenden Gewebe mit nur oberseits hervortretenden Schlingen wechselt ein Schlingenfaden *s* mit einem Grundfaden *g* ab und man webt drei Schüsse *a b c*, die sogenannten Vorschlagschüsse, in einer der wünschenswerten Höhe der Schlingen entsprechend entfernt gehaltenen Lage *c*. Diese Lage wird durch ein dem Ladenklotze vorgestellten Anschlag, Fig. 151, erzielt, worauf der Anschlag aller drei Schüsse, bei Entfernung des Ladenanschlaghindernisses, an das früher schon gebildete Gewebe erfolgt. Die drei Vorschlagschüsse gleiten dabei über die festgespannten Grundkettenfaden hinweg, nehmen aber die lockeren Schlingenkettenfäden der Reibung wegen mit nach vorn und zwingen

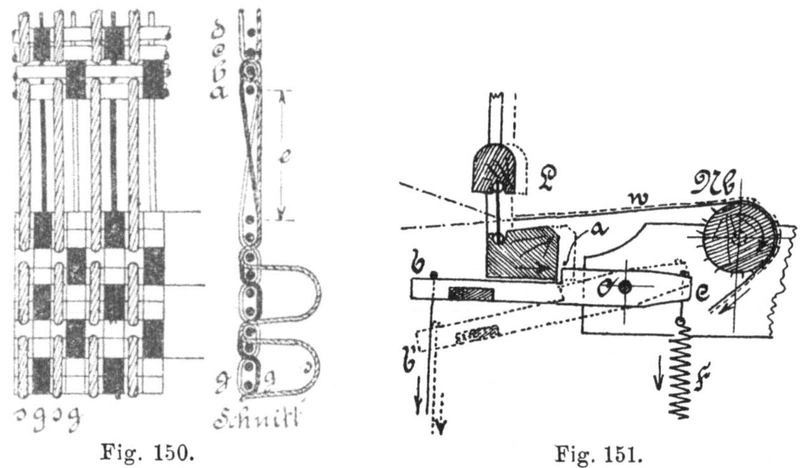

Fig. 150.

Fig. 151.

die Schlingenkette zur Schlingenbildung nach jener Gewebeseite heraus, wo die Flottierung dazu besseren Anlaß gibt. Ähnliche Bindungsarten ergeben Waren auch mit zweiseitiger Schlingenbildung je nach Farbe und Zahl der Vorschlagschüsse. Man unterscheidet:

1. Glatte Schlingengewebe, welche auf beiden Seiten eine glatte Schlingenfläche zeigen und nach Material, Farbe und Schweifzettel bemustert sein können; sie sind zumeist nur mit Schäften gearbeitet.

2. Plüschartige Schlingengewebe mit einseitig gemusterten Effekten.

3. Figurierte Schlingengewebe mit auf beiden Seiten von derselben Schlingenkette abwechselnd erzeugten Schlingen.

4. Zweifärbig figurierte Schlingengewebe, bei welchen auf beiden Seiten zwei Schlingenketten sowohl im Grund als auch in der Figur Schlingen aufweisen (zweikorig), die sich durch die Farben unterscheiden.

5. Mehrfärbig figurierte Schlingengewebe, entstanden durch Verbindungen der Voraussetzungen nach 3 und 4.

Nehmen wir aus 4 ein

zweifärbig figuriertes Schlingengewebe

an, welches mit Jacquardeinrichtung erzeugt werden soll. Die Fäden der einen Kette, z. B. des Motivs Fig. 152, bilden die Schlingen der Musterfigur auf der oberen Seite, die Fäden der andersfärbigen Kette an derselben Musterstelle bilden die Schlingen auf der unteren Seite; im Grunde ist das Gegenteil vorhanden. Die Grundbindung bleibt für beide Ketten abwechselnd dieselbe.

Man kann ein solches Gewebe ganz wie ein einkoriges behandeln, mit Vorteil aber weben unter Anwendung einer nur die halbe Zahl der Nadeln umfassenden besonderen Jacquardmaschine, welche zwar die übliche Zahl der Platinen besitzt, aber nur die halbe Größe der Karten braucht, somit eine Ersparnis an Kartenmaterial auf die Hälfte ergibt. Die Zahl der Karten jedoch bleibt dieselbe wie bei Anwendung einer gewöhnlichen Jacquardmaschine. So werden z. B. mit einer Maschine mit 400 Platinen nur Karten einer 200er Maschinengröße erforderlich sein. In der in der Fig. 152 angewendeten und nach dem im Motive abgegrenzten Figurteil auseinandergesetzten Bindungszeichnung ist zu ersehen, daß die Kettenlinien $a—e$ je zwei Kettenfaden bedeuten, und zwar ein leerer Punkt (Ring) die erste Figurkette, ein voller Punkt (schwarz) die zweite Figurkette; im Gewebe sind dieselben nur durch die Farbenwahl unterschieden.

Die Reihenfolge der Fäden ist folgende:

ein Schlingenfaden (Ring) des ersten Korps, ein Grundfaden;

„ „ „ „ zweiten „ „ „

Die Grundbindung ist Rips zu vier Schuß Rapport. Die Musterzeichnung reduziert sich daher auf die Hälfte der Platinen (zwei Faden auf eine Linie) und werden von jeder Schußlinie I—V vier Schüsse $1 — 4 = 4$ Karten gelesen. Der Schnitt nach der Linie rs ist nebenan ersichtlich und bedeuten darin die Figurfäden Sk_1 und Sk_2 die beiden Schlingenketten, während Bk die Bindekette vorstellt. Der Einzug in den Kamm K ist zweifädig (ein Figurfaden und ein Bindefaden pro einen Zahn), jener in die Bindeschäfte Bs_{1-2} abwechselnd, ebenso in die Jacquardhelfen Jh des nicht nach Gruppen getrennt beschnürten Schnurbrettes Sb. Die Bindekette erhält einen Baum Bk, die Figur- oder Schlingenkette Sk_1 und Sk_2 zwei Bäume entsprechend der wechselweisen ungleichen Einarbeitung.

Die Jacquardmaschine besitzt die halbe Nadelzahl des Kettfigur-Binderapportes. Jede Nadel N betätigt aber zwei mit den Nasen gegeneinander gestellte Platinen mit dazwischen gestellten zweikantigen Messern m_{1-4}. Die Wirkungsweise der Jacquardmaschine wird nun so sein, daß ein Loch in der Karte die ungerade Platine zur Hebung bringt, hingegen eine ungelochte Stelle die gerade Platine. Die Beschnürung stimmt mit der ein-

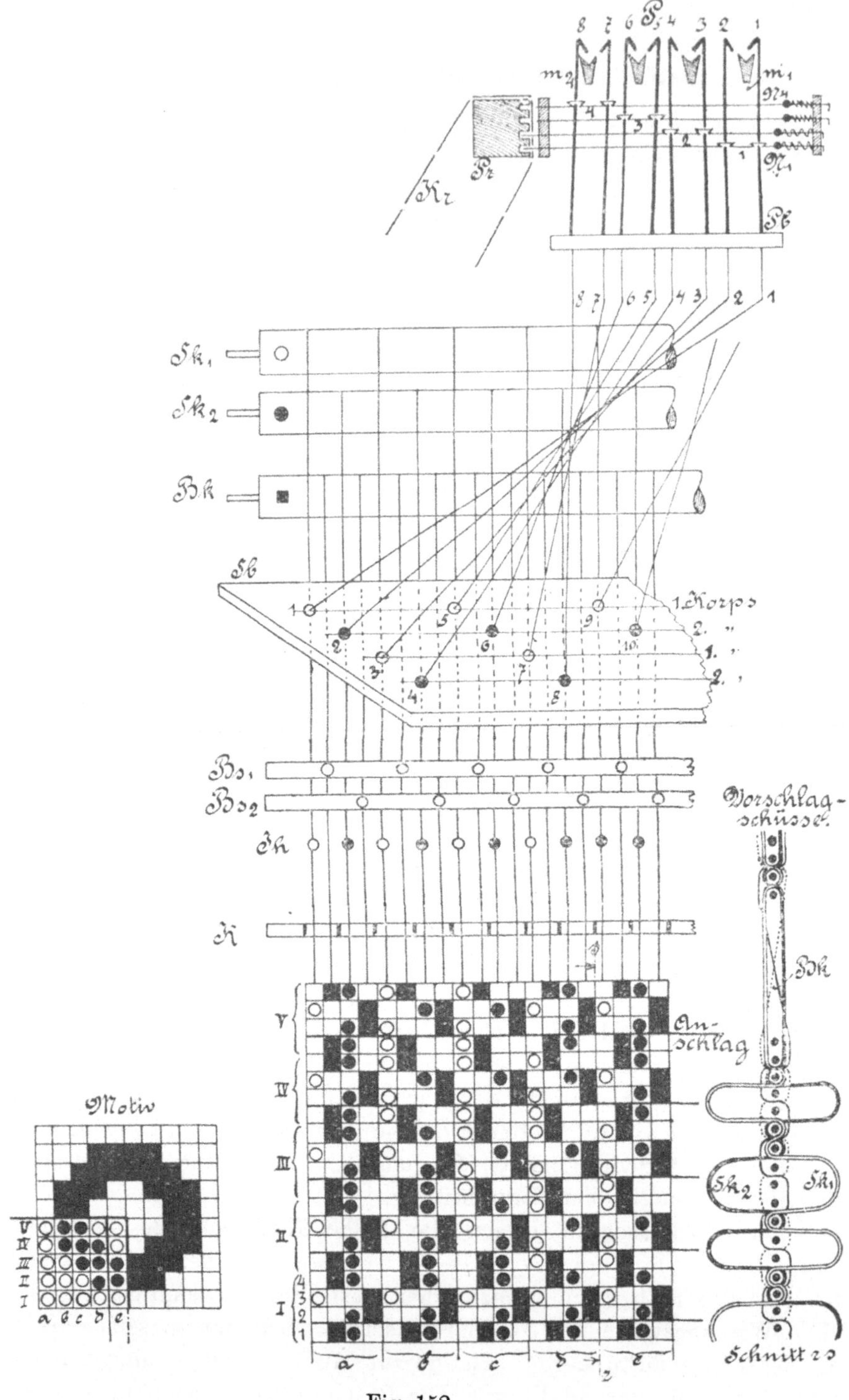
Motiv
Fig. 152.

korigen überein, so daß jeder Faden der Reihe nach nur durch eine Platine beherrscht wird, was der Bindung der Schlingenfaden entspricht, denn die Bindung der ersten Gruppe ist immer entgegengesetzt der Bindung der zweiten Gruppe. Weil aber zwei Platinen (eine ungerade und eine gerade) durch eine Nadel beherrscht werden, schlägt man die Löcher in die Karten nur wie einkorig. Die Hebung der ungeraden Platinen $P_{1\,u.\,3}$ bei Löchern der Nadeln $N_{1\,u.\,2}$ sowie die Hebung der geraden Platinen $P_{6\,u.\,8}$ ohne Löcher der Nadeln $N_{3\,u.\,4}$ in einer Karte ist in der Figur deutlich erkennbar. Die Bindekettenschäfte werden mit Vorteil hinter die Beschnürung gestellt oder in das Schnurbrett zuerst bezogen, weil dadurch das Fach reiner wird, wegen der meist lockeren Schlingenfäden.

XIX. Schnürungs- und Einzugsvorrichtungen für mehrfädige (damastartige) Aushebungen.

Um Figuren in bedeutend größerer Fadenzahl ausführen zu können, ohne eine größere Zahl von Platinen zu benützen, ist man schon frühzeitig auf die Idee gekommen, zwei bis acht Kettenfäden nebeneinander gleichbinden zu lassen. Solche Stoffe heißen im allgemeinen Damaste. Diese Gruppe der gleichbindenden Figurkettenfäden nennt man **Kettenteil,** und man vergrößert mit einer 600er Maschine den Rapport des Musters auf die vierfache Fadenzahl $= 2400$, wenn ein Kettenteil vier Fäden enthielte. Jeder Faden in einem Kettenteile verlangt dann eine besondere Schnur, so daß die Zahl der Hebeschnüre gleich der Kettenfadenzahl wird. Zumeist ist es möglich, die Schnüre auf nur einen Teil, z. B. die Hälfte zu reduzieren, indem man an eine Schnur zwei Helfen bindet oder auch Helfen verwendet, welche Augen mit mehr als einer Öffnung haben, Fig. 40, 41, 42, so daß auch damit der Kettenteil durch eine Platine und Schnur voll ausgehoben werden kann. Es sind daher weitere Vorrichtungen notwendig, welche gestatten, daß der Kettenteil des Ober- oder Unterfaches nach einfädiger Grundbindung abgebunden werden kann. Hieher gehören:

1. Die Vorrichtung für Gewebe mit ein- bis zweifädigem Taffetgrund und achtbindiger Kettenatlasfigur.

a) Mit Vorderschäften.

Bei dieser Art von Geweben hat ein Kettenteil, z. B. zwei Fäden, also sind an einer Platine zwei Schnüre oder eine Schnur und zwei Helfen oder eine Helfe mit einem zweifädigen Auge angehängt. Der Einzug der Kettenfäden in die Schnurvorrichtung ist der gewöhnliche. Sie passieren außerdem noch ein Vorderwerk von acht Schäften mit Hebehelfen (siehe I. Teil).

In diese Vorderschäfte werden die Fäden getrennt von hinten nach vorn gerade durch eingezogen, Fig. 153. Nimmt man nun an, daß die Musterzeichnung die Figur nicht abgebunden zeigt, während der Grund in zweifach verstärkter Leinwand bindet, so unterliegt es keiner Schwierigkeit, die Vorderschäfte von den Reserveplatinen so zu heben, daß in der Figur Atlas entsteht. Man hat nur zu beachten, daß die Atlasbindungspunkte schwarz ○ auf rot, in ihrer Fortsetzung in die Taffetpunkte fallen, damit der Grund rein erscheint; die rechte Stoffseite ist gewöhnlich unten.

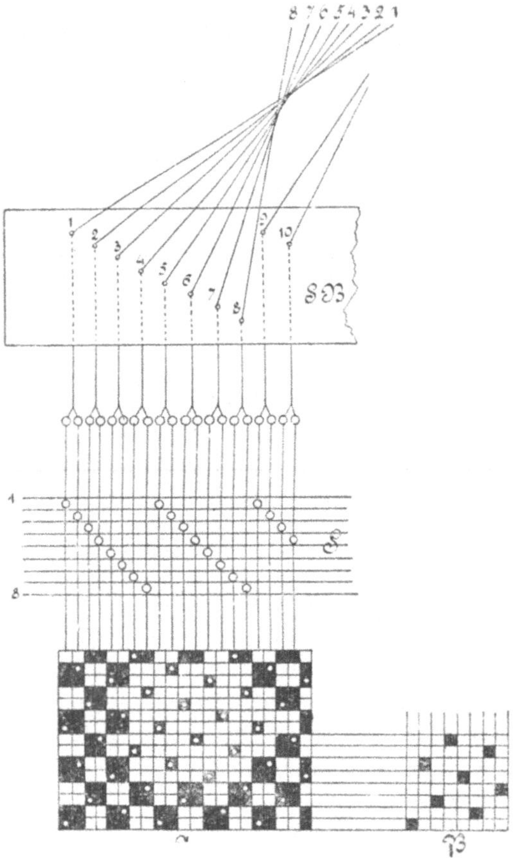

In der schematischen Zeichnung, Fig. 153, ist A die entstehende Bindung im Gewebe, in der die Atlaspunkte in die Taffetbindung fallen. B ist die Schlagpatrone für die Reserveplatinen der Vorderschäfte. Die Musterzeichnung enthält im Grunde einfache Leinwandbindung eingezeichnet, während die Figur ohne Bindung bleibt. Beim Kartenschlagen ist jede Schußlinie zweimal zu lesen, und der achtbindige Atlas für die Reserve regelmäßig fort zu schlagen. Bei Figuren, welche flottliegende Schußfäden enthalten, setzt sich die Leinwandbindung für die zweite Karte auch in der Figur zur Befestigung des Stoffes fort. Solche Gewebe werden im allgemeinen **„Brokate“** (Prunkseidenstoff) genannt, zu denen als Material vorzüglich Seide genommen wird.

Fig. 153.

b) Mit Hebeschäften oberhalb des Schnurbrettes.

Oberschäfte. Diese Einrichtung verfolgt denselben Zweck wie die Einrichtung mit Vorderschäften. Sie ist jedoch viel bequemer, indem die Kettenfäden nur die Schnüre der Jacquardvorrichtung passieren. Sie ist zwar kostspieliger, doch kann man mit dieser Vorrichtung viel geringeres Material verweben. Die Hebeschäfte sind eiserne Lineale, welche mit den Längsreihen der Platinen parallel laufen und an ihren Enden an Reserveplatinen vorn und rückwärts unterhalb des Platinenbodens angehängt sind, Fig. 154. Bei dieser Vorrichtung sind die Kettenfäden einzeln in die Helfen eingezogen; es müssen daher ebensoviel Schnüre vorhanden sein als Fäden. An einer Platinschnur hängen z. B. für einen zweifädigen Kettenteil zwei Hebeschnüre, für einen dreifädigen Kettenteil drei Hebeschnüre, und zwar in der Weise, daß sie oben bei der Puppe Schleifen bilden, durch welche die Hebeschäfte eingesteckt sind, Fig. 155. Daraus geht hervor, daß die Anzahl der Hebeschäfte sich nach der Zahl der Platinenreihen mal der Fadenzahl eines Kettenteiles richtet. Sie ist aber noch von der Rapportgröße der Bindung abhängig, weil in der Zahl der anzuwendenden Hebeschäfte auch der Rapport

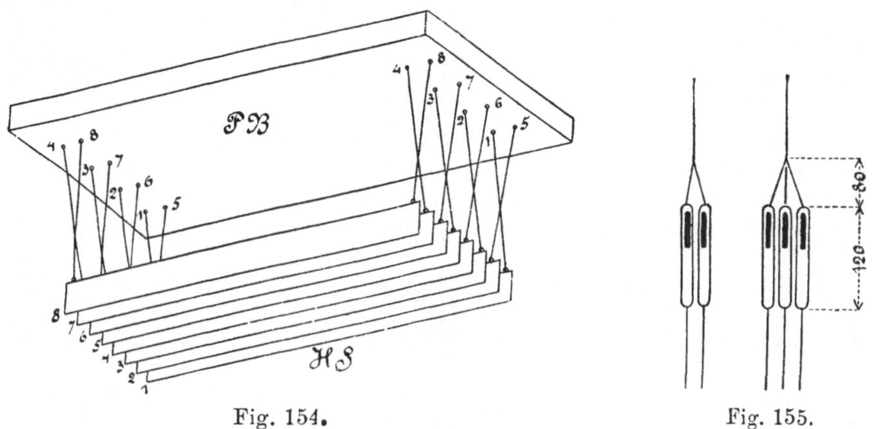

Fig. 154.   Fig. 155.

der Grundbindung (Abbindung in der Figur) enthalten sein muß. Letztere ist jedoch zumeist gegeben, z. B. achtbindiger Atlas, so daß bei dreifädiger Aushebung und einer 400er Maschine 8 × 3 = 24 Hebeschäfte vorhanden sein müssen. Fig. 156 zeigt den Querschnitt durch die Hebeschäfte einer 200er Maschine für zweifädige Aushebung. Der 1.—3.—5.—7. Hebeschaft ist an die 1.—2.—3.—4. Reserveplatine und der 2.—4.—6.—8. Hebeschaft an die 5.—6.—7.—8. Platine der beiden vorn und rückwärts befindlichen Reservereihen zu hängen. Von besonderer Wichtigkeit ist die

Schlagpatrone für diese Hebeschäfte.

Die Bindungszeichnung *A*, Fig. 156, stellt den achtbindigen Atlas der Figur vor. Die Kettenfäden heben nach dieser Reihenfolge. Es handelt sich darum, die Schlagpatrone für die acht Hebeschäfte zu erhalten. Man verfährt wie folgt: Der erste Kettenfaden ist vom ersten Schaft für den ersten Schuß zu heben. Nun sieht man nach, welche Platine der einen oder anderen Querreihe diesen Schaft hebt. Der sechste Kettenfaden ist vom sechsten Schaft für den zweiten Schuß zu heben. Nun sieht man wieder nach, welche Platine der einen oder anderen Querreihe diesen Schaft hebt. Die Schlagpatrone *B* gibt das Resultat, welches nach Querreihen eingeteilt links und rechts von der Musterzeichnung eingezeichnet wird. Fig. 157 zeigt dieselbe Vorrichtung für eine 200er Maschine, jedoch infolge einer anderen Schnürungsweise für einfädige Aushebung beziehungsweise für einfädigen Taffet. Diese Vorrichtung hat im übrigen dieselbe Anordnung wie Fig. 156, doch ist der Einzug der Schnüre derart, daß der Taffetgrund einfädig wird, indem die ungeraden Platinen die ungeraden Schnüre und Kettenfaden heben, die geraden Platinen gerade Schnüre und Kettenfaden heben.

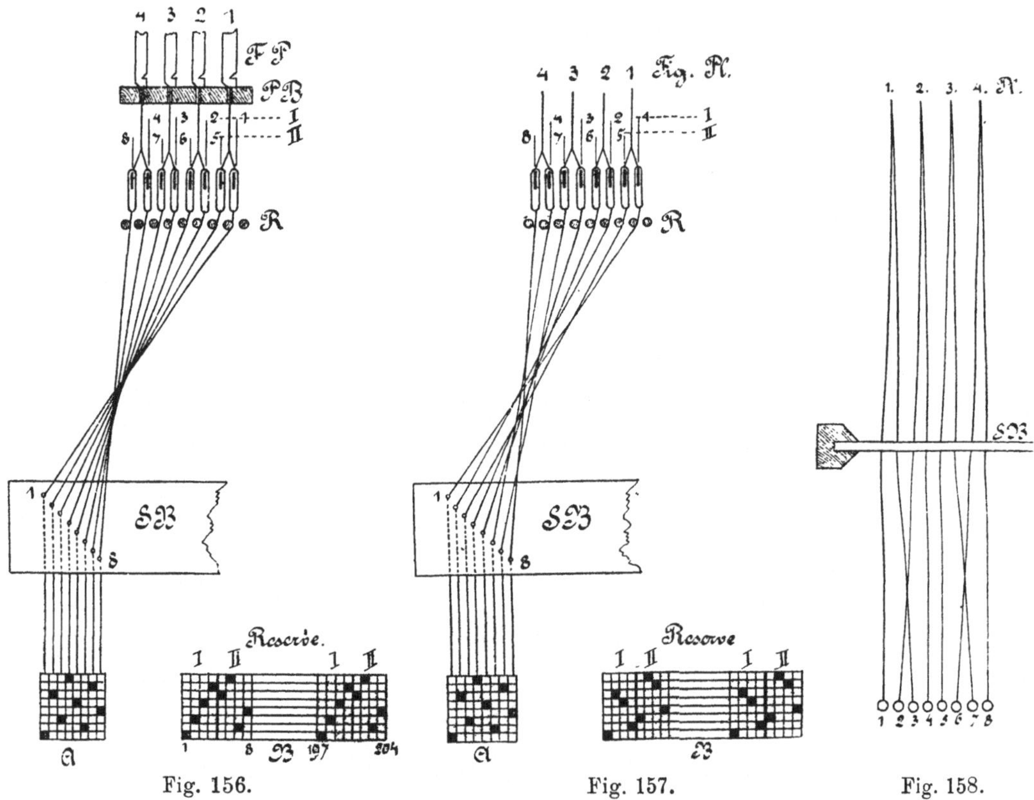

Fig. 156. Fig. 157. Fig. 158.

Dasselbe erreicht man auch nach Fig. 158, wenn man die Kettenfäden entsprechend versetzt einzieht.

Fig. 159 zeigt eine Vorrichtung für dreifädige Aushebung in schematischer Zeichnung. a ist die Atlasbindung für die Figur und b die Schlagpatrone der Reservereihen des achtbindigen Atlasses. Will man einfädigen Taffet im Grund bei dreifädiger Aushebung haben, so muß man die Schnüre versetzt in das Schnurbrett einziehen nach Fig. 160, oder man zieht die Kettenfäden gleich wie in Fig. 157 ein.

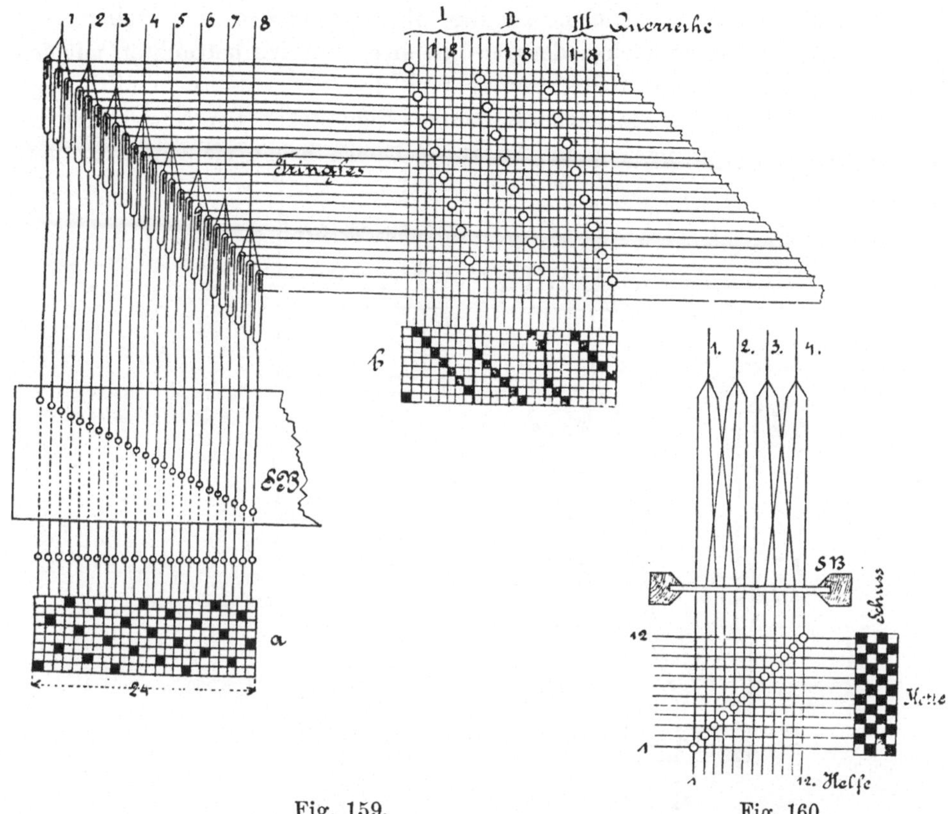

Fig. 159.   Fig. 160.

c) Mit Hebeschäften unterhalb des Schnurbrettes.

Unterschäfte. Dieselben sind hölzerne Lineale, welche ungefähr die Länge des Schnurbrettes bekommen und mit diesen parallel laufen. Sie werden in die Oberteile der Helfen eingeschoben und verfolgen folgenden Zweck:

1. dem aus Kettenteilen figurierten Gewebe eine engere Abbindung zu geben; 2. die Grundbindung überhaupt auch für einfädige Gewebe herzustellen. Sie werden von Reserveplatinen ausgehoben. Die Anzahl ist gleich der Zahl Platinen, gleich der Rapportgröße der Bindung oder ein Vielfaches davon. Das Schnurbrett erhält ebensoviele Längsreihen als Schäfte, wenn die Aushebung einfädig ist, oder wenn bei mehrfädiger Aushebung die Zahl der Hebeschnüre einer Platine gleich der Kettenteilzahl ist.

Fig. 161 gibt eine derartige Vorrichtung der Hauptsache nach an, falls nach 1 die Aushebung mehrfädig bezweckt wird. An einer Platine hängen zwei Hebeschnüre, die versetzt in das Schnurbrett eingesteckt sind und je zwei Helfen tragen (vierfädig). Der Grund wird also zweifädig und die Figur

zweifädig abgestuft erscheinen. In die oberen Schleifen der Helfen sind
acht Schaftstäbe eingeschoben derart, daß diese, für sich betrachtet, mit den
aufgesteckten Helfen ein Schaftwerk geben, das nur entsprechend bewegt,
sehr leicht Bindung in die liegenbleibenden Figurstellen bei Aushebung der
Jacquardmaschine bringen kann. An ihren Enden haben sie verstärkte ver-

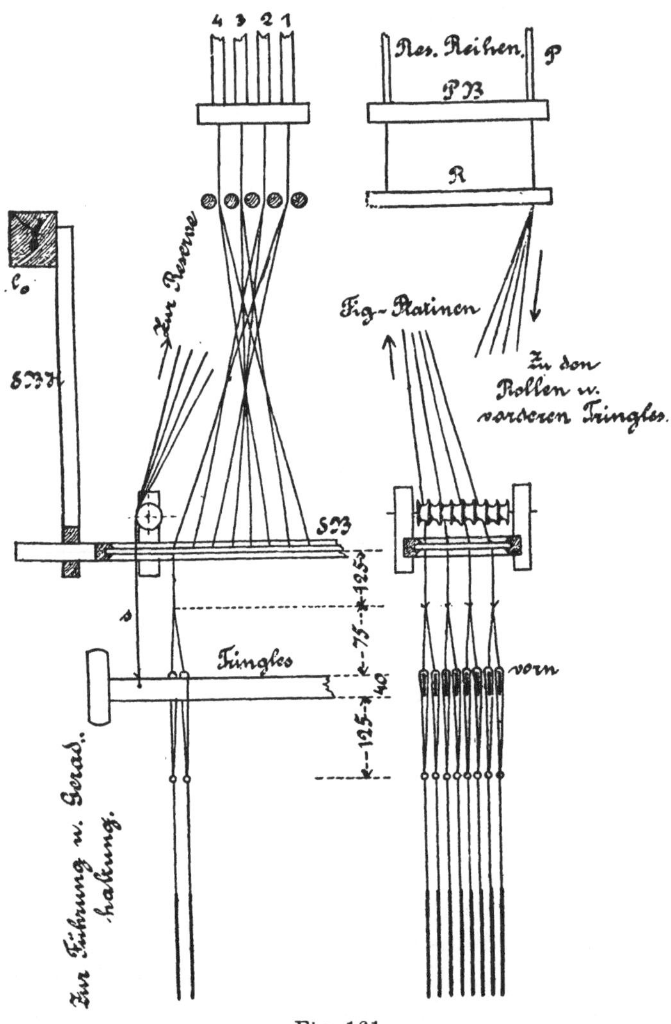

Fig. 161.

tikale Führungsbrettchen, um sie voneinander fernzuhalten, die Reibung der
Helfen zu verhindern und sich selbst zu führen. Die Schnüre s, an die sie
gehängt werden, laufen zu den Reserveplatinen, und zwar die hinteren
Schnüre der ersten Hälfte der Tringles zu der ersten Platinreihe der Maschine, die vorderen Schnüre der letzten Schäfte zu der eigentlichen Reserve-

reihe, so daß also an einer Platine ein Schaft hängt. Zur besseren Führung sind Rollen angebracht. Die Schlagpatrone für diese Schäfte beziehungsweise der dazugehörenden Platinen zeigt die Grundbindung der Figurstellen ohne weitere Änderung. Es hat also diese Vorrichtung einige Vorteile vor den vorhergehenden. Sie spart Hebeschnüre und vereinfacht die Bindungszeichnung.

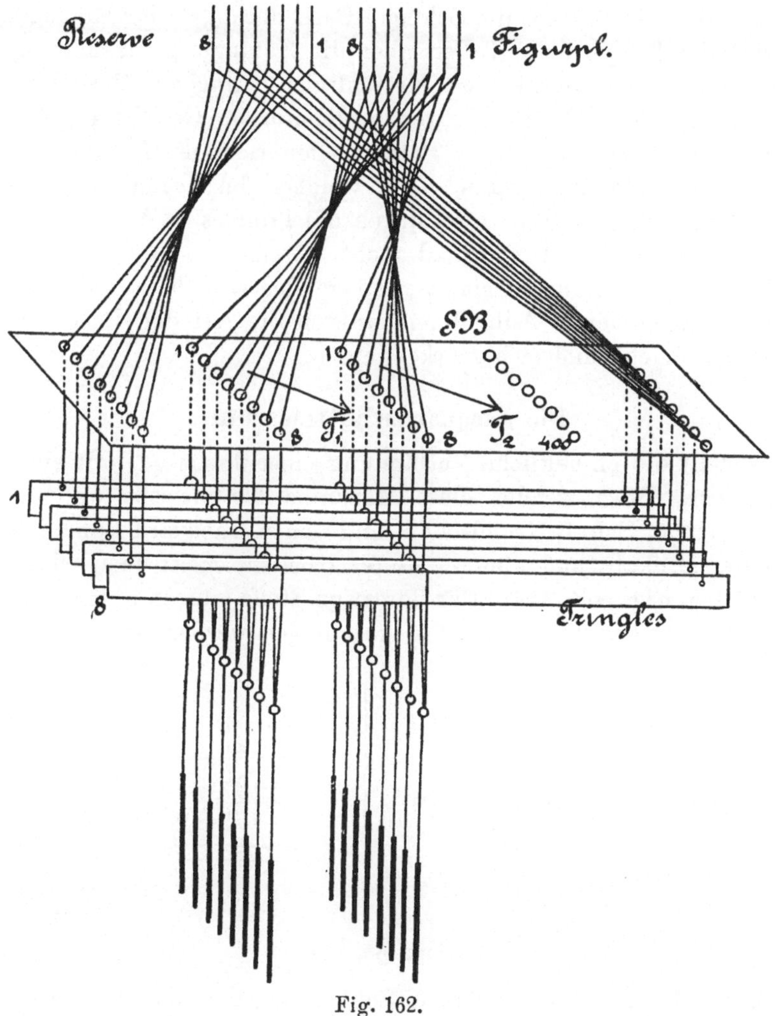

Fig. 162.

Fig. 162 verfolgt den zweiten Zweck: die Aushebung ist einfädig. Sie dient zur Hervorbringung der Grundbindung einfädiger Gewebe. Es ist klar, daß die Schafthebung auf die bereits gehobenen Fäden keinen Einfluß ausübt. Zu bemerken ist nur, daß die Zahl der Löcher im Schnurbrette in einer Querreihe von der entsprechenden Bindung, respektive Schaftzahl abhängt, daß ferner die Schnurvorrichtung bezüglich der Musterbildung ganz beliebig sein kann.

Bei Anfertigung einer Patrone für mehrfädige Gewebe hat der Musterzeichner sein Hauptaugenmerk auf eine richtig angesetzte Kontur in der Zeichnung zu lenken. Nachdem die Aushebung stets zwei- bis zwölffädig ist, also eine Kettenlinie ebenso viele Kettenfäden vorstellt, und im Grunde ein- bis vierfädiger Taffet durch die Schlag-, Beschnürungs- oder Einzugsweise erzeugt wird, der Rapport des Taffets aber die Kontur begrenzen muß, so wird die Abstufung zum mindesten zwei Kettenlinien betragen, während der Schuß, auch einfädig abgestuft, eine begrenzte Kontur im Gewebe ergibt. Ferner hat der Musterzeichner auf der Patrone den richtigen Beginn der Taffetbindung im Grunde einzusetzen, nach welcher durchgängig die Karte eingelesen wird, derart, daß die etwa durch die Tringles in der Figur erzeugten Abbindungspunkte den Taffetgrund nicht stören.

Endlich kann man von einem vorliegenden Gewebe aus den in Figuren absichtlich beigegebenen Abbindungspunkten die Art der Beschnürung und des Einzuges leicht und sicher erkennen.

Die Jacquardschaftmaschine.

Sie stellt die einheitliche Verbindung einer Jacquard- mit einer Schaftmaschine vor. Man wendet diese Maschine für Gewebe an, welche abwechselnd einen Schaft-Grundschuß und einen Jacquard-Lancierschuß für broschierte, Brokat- und andere Stoffe arbeiten, meist in Verbindung mit Unterschäften, Fig. 163, 164. Für derartige Stoffe müssen unter gewöhnlichen Umständen ebensoviel Grundkarten geschlagen werden wie für die Lancie-

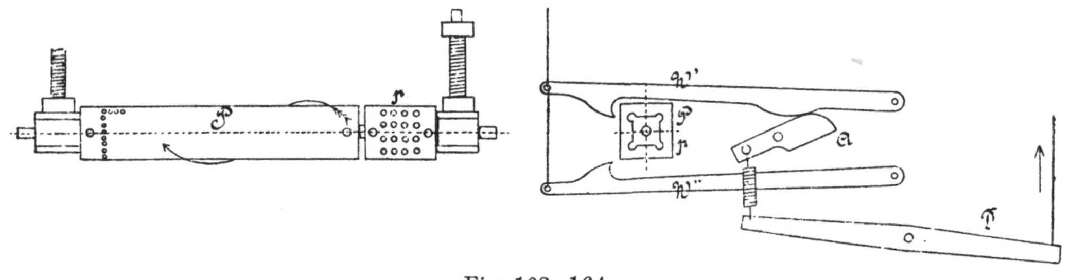

Fig. 163, 164.

rung. Hiebei können auch wohl die Schäfte von der Reserve bewegt werden. Um aber an Karten zu sparen, d. h. nur so viele Grundkarten in Anwendung zu bringen, als der Grundbindungsrapport verlangt, dient die oben bezeichnete Maschine. Fig. 163 ist das Prisma für diese zusammengebaute Maschine. Es besteht aus zwei Teilen, von denen jeder für sich drehbar ist, und Drücker und Wendehaken hat. Die Prismalade ist dieselbe wie bei einer gewöhnlichen Maschine. Fig. 164 rechts zeigt die vorderen Wendehaken für das kleine Prisma. Beim Wenden des großen Prismas muß das kleine stehen bleiben und die Wendehaken des letzteren müssen in eine solche Lage gebracht werden, daß das Prisma, ohne berührt zu werden, zwischendurch gehen kann. Dies bewirkt der Daumenhebel A. Er ist durch den Hebel D mit einer Reserveplatine der Jacquardmaschine in Verbindung, so daß beim Ausheben der Jacquardmaschinen die Wendehaken nur in eine Mittelstellung gebracht werden, indem der Teil A mit seinem dickeren Ende auf die Verstärkung des oberen Hakens drückt. Die Feder schützt vor Bruch der ziehenden Platinen bei zu starker Spannung. Die Wendehaken

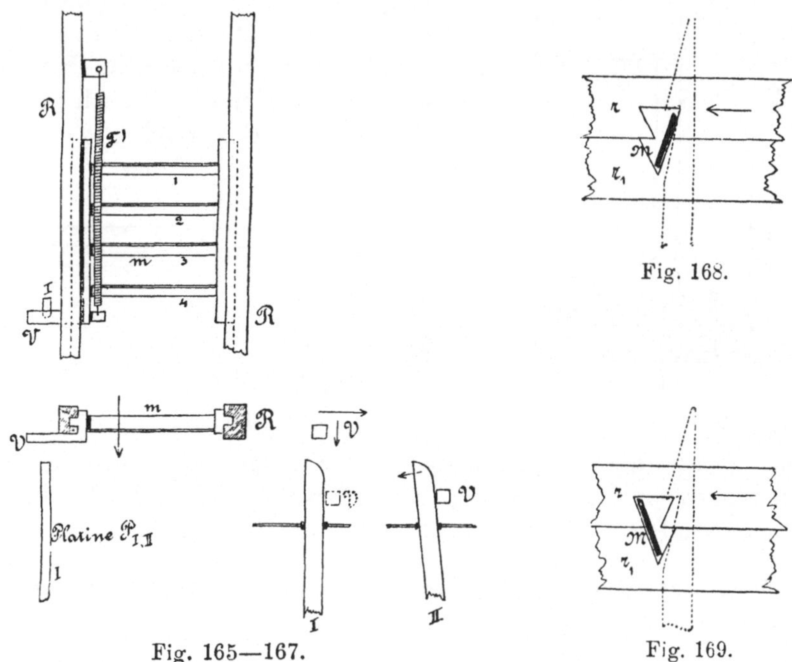

Fig. 168.

Fig. 165—167.

Fig. 169.

des großen Prismas haben dieselbe Form und Bewegung und werden von der kleinen Maschine beeinflußt. Fig. 165—167 zeigt die Vorrichtung, die Messer der kleinen Maschine außer Tätigkeit zu setzen. In der Draufsicht bei R ist die Messerbank m horizontal verschiebbar. Letztere hat gegen die große Maschine zu eine Platine I ohne Nase mit nach innen abgerundetem Ende (Kopf). Ist diese Platine in der Stellung II, Fig. 167, so wird, wenn der Messerkasten herunterkommt, der Stift V gar nicht berührt und bleibt unbeeinflußt. Im anderen Falle, wenn die Platine von der Karte in die Stellung I gerückt wird, diese Stellung also beibehält, muß der Stift V an ihrem runden Ende gleiten, sich verschieben. Auf diese Weise werden auch die Schaftmaschinmesser von den Schaftplatinen weggedrückt. Die Feder F'' zieht die Messerbank für den Grundschuß in ihre ursprüngliche Stellung zurück. Soll die große Maschine ausgerückt werden, so werden gleichfalls ihre Messer abgestellt, Fig. 168 und 169. Dieselben sind eiserne Lineale, welche in keilförmigen Ausschnitten des Messerkastens liegen. Dieses Lager besteht aus zwei Teilen; der obere *r* davon ist verschiebbar. Es kann nach Fig. 169 keine Platine gehoben werden.

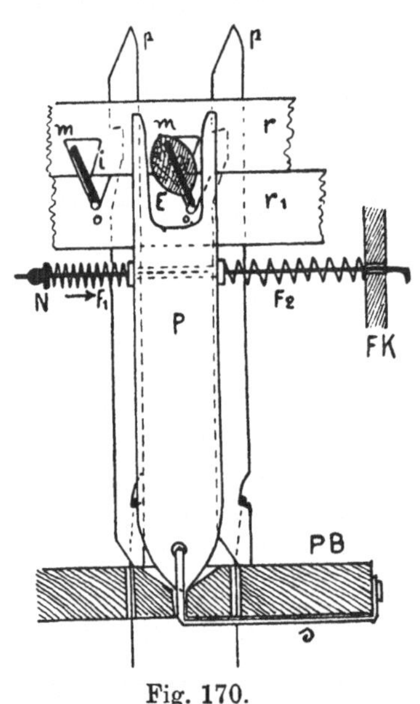

Das Verschieben geschieht von einer Reserveplatine der Schaftmaschine aus. Das erste Messer *m*, Fig. 170, der Jacquardmaschine reicht bis in die kleine Maschine hinein und trägt an dieser Stelle einen abgerundeten Holzknopf *E*, der in einen gabelförmigen Ausschnitt einer starken Platine *P* paßt. Beim Zurückdrängen der Platine *P* nach dem Einfallen der Maschine wird auch das Messer durch die Eichel *E* gewendet, was die Verschiebung des oberen Teiles *r* und mithin

Fig. 170.

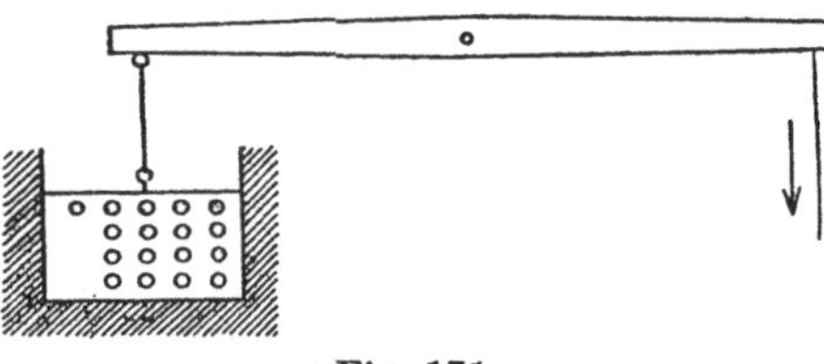

Fig. 171.

sämtlicher Messer der Jacquardmaschine zur Folge hat. Das Verschieben des Nadelbrettes von Hand aus, Fig. 171, dient dazu, um z. B. die Jacquardmaschine zweimal für 2 Figurschüsse ausheben zu lassen.

Anwendung der Unterschäfte für Jacquard-Kettsteppgewebe (Piqué).

Während in der Schaftweberei (I. Teil) diese Art von Geweben so ziemlich einfach hergestellt werden kann, ist es schwieriger, die gleiche Technik auch für Jacquardfiguren mit langflottierenden Steppfigurkettenfäden anzuwenden, und zwar deshalb, weil hiezu ein besonderes Vorderwerk, aus zwei Schäften bestehend, den eingetragenen Füllschuß leinwandartig abzubinden hat.

Um die Rückseite des Stoffes geschlossen ohne Flottierungen zu gestalten, werden die Steppkettenfäden außer in die Beschnürung noch in das zweischäftige Vorderwerk mit Fachaugen abwechselnd eingezogen.

Beim Eintragen des Füllschusses wird einer dieser Schäfte ausgehoben und es entsteht ein halbes Kreuzfach beziehungsweise eine Knickung der Steppfäden, was ziemlich hindernd wirkt und die Ursache eines niedrigen Faches ist.

Nach der von E. Bittner vorgeschlagenen Vorrichtung, das Vorderwerk für Hochfach zu vermeiden und durch die Unterschäfte, Fig. 172, zu ersetzen, wird es ermöglicht, Jacquard-Kettsteppgewebe, gleich anderen Geweben, mit großer Fachbildung herzustellen, ohne daß die Steppkettenfäden einen doppelten Einzug und doppelte Knickung erfahren, und daß diese Stoffe auch bei Anwendung von geringerem Material auf mechanischen Webstühlen erzeugt werden können.

In die Oberteile der gewöhnlichen Jacquardhelfen wird eine gerade Anzahl Schaftstäbe T gesteckt, so daß alle ungeraden Jacquardhelfen auf

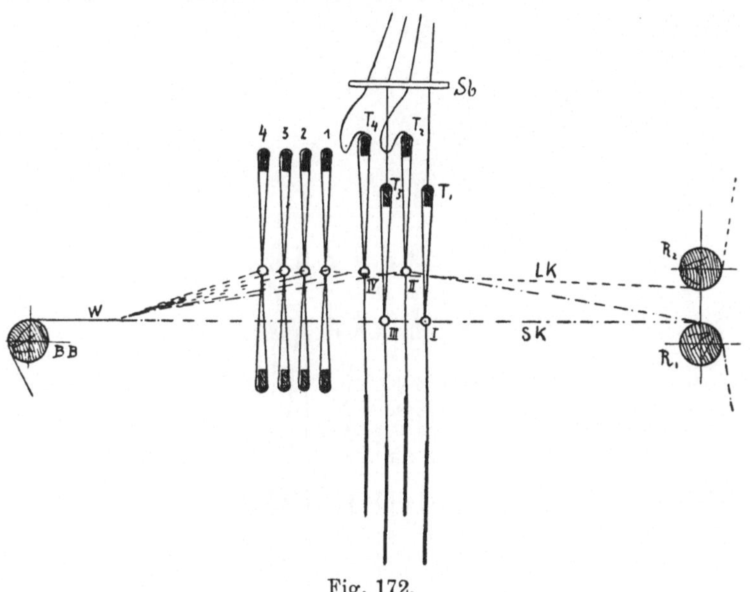

Fig. 172.

den ungeradnamigen und alle geraden Helfen auf den geradnamigen Schäften sitzen.

Diese Schäfte können nun von einem Tritte oder einer Schaftmaschine für den Füllschuß abwechselnd gehoben werden.

Die Arbeitsweise bleibt dieselbe wie bisher und erscheint die ganze Einrichtung praktischer.

d) Mit Hebeschäften außerhalb der Beschnürung.

Außenschäfte. Diese vom Verfasser vorgeschlagene und erprobte Anbringung mit den freizugänglichen Hebeschäften außerhalb der Beschnürung bietet für alle Arten von Geweben, welche die Abbindung im Grunde und der Figur getrennt erhalten, sowohl für Hochfach als auch für Hoch-, Tief- und Schrägfach Vorteile, da sie auch an jedem mechanischen Stuhle mit Jacquard- und Schaftmaschine verbunden angebracht werden. kann. Statt der Schäfte für die Grundbindung kann auch eine zweite Jacquard-

104

wirkung treten. Als Beispiel ist die Herstellung eines vierfädigen dreifachen
Gewebes mit Leinwandbindung, Fig. 173, zur Darstellung gebracht. Die
Platinen der Jacquardmaschine werden in der bekannten und gewöhnlichen
Art in das Schnurbrett *So* geschnürt. Dieses Schnurbrett steht um seine
Tiefe weiter rückwärts in entsprechender Höhe über dem zweiten an gewöhn-
licher Stelle befindlichen Schnurbrett *Su*. Die Hebeschnüre werden in der-

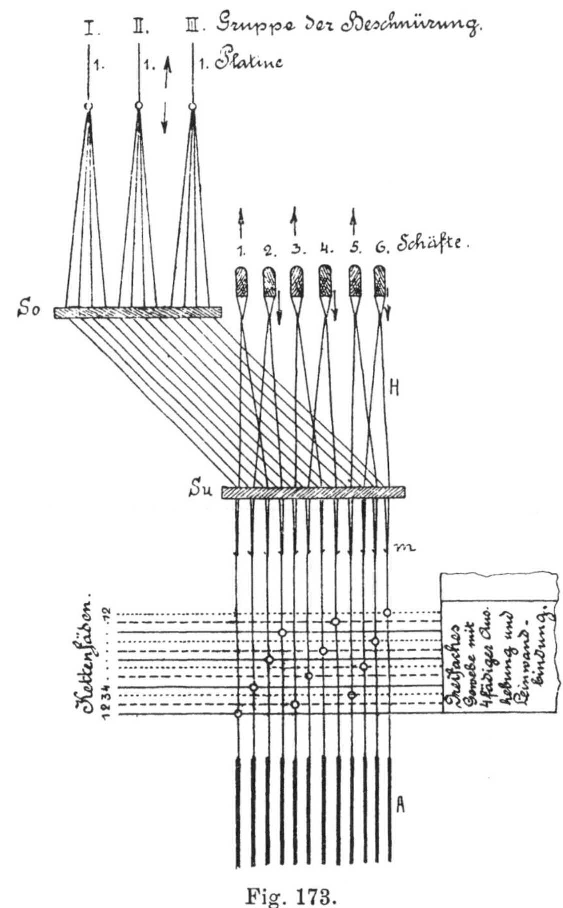

Fig. 173.

selben Ordnung auch in *Su* geschnürt und verbinden sich mit den verlängerten
durch *Su* laufenden Helfenschnüren *H* der Schaftstäbe unterhalb von *Su*
bei *m* mit den Helfen.

Der Einzug der Kettenfäden wird hiebei in keiner Weise verändert
und ist der jeweils erforderliche. Die Schaftstäbe können richtig in ein Viertel
der Länge von beliebiger Schaftmaschine gefaßt werden.

2. Die Vorrichtung für Gewebe,

in denen der Grund und die Figur durch Schäfte die Grundbindung erhalten.

Ganzdamaste.

Man unterscheidet zwei-, vier-, sechs- und achtfädigen Damast, einfachen und Doppeldamast, auch Hohlbeindamast mit Figurfadenkonturen. Beim Ausheben der Jacquardmaschine für ein derartiges Gewebe wird die Figur ins Oberfach ohne Bindung gehoben und der Grund im Unterfache gelassen. Da auf diese Weise keine Ware erzielt werden kann, so müssen aus dem Unterfache Verbindungsfäden ins Oberfach und aus dem Oberfache solche ins Unterfach mittels geeigneter Vorrichtungen gebracht werden. Dies kann man zumeist nur erreichen, wenn man die Fäden nochmals einzieht, und zwar in ein vor der Schnurvorrichtung stehendes Vorderwerk, welches bewegt, die Schußfäden abbindet. Diese Schäfte nennt man **Vorder-** oder **Bindeschäfte.** Die Anzahl richtet sich nach der Grundbindung und die

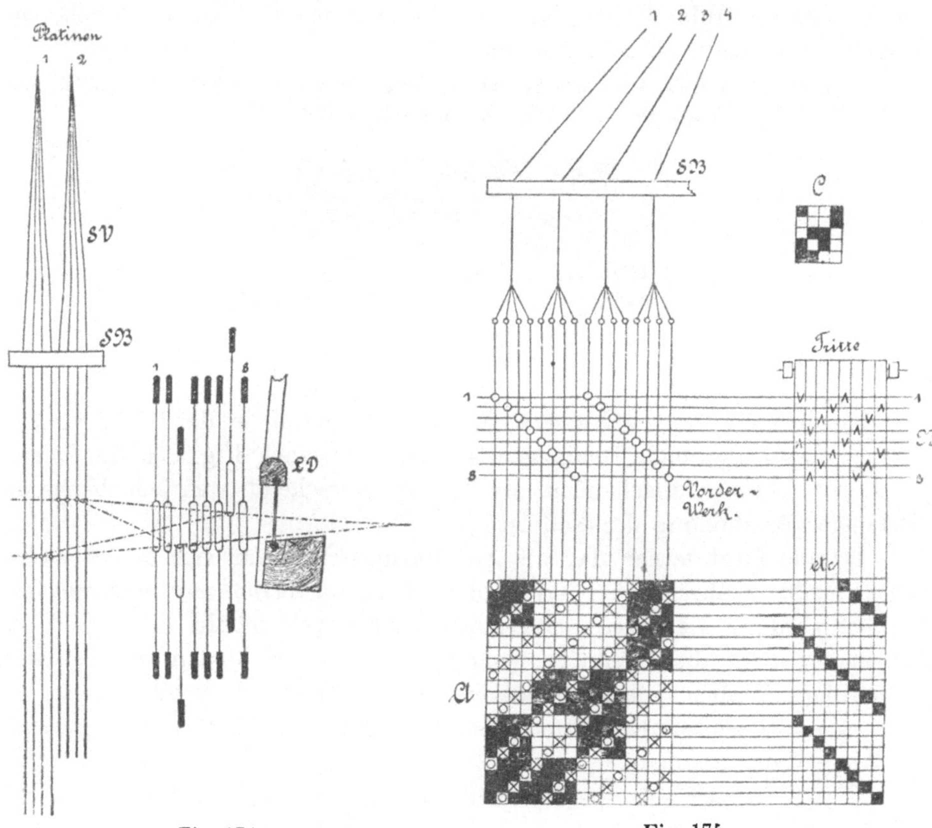

Fig. 174.   Fig. 175.

Helfen derselben haben Fachaugen (siehe I. Teil), welche ein unbehindertes Heben des Fadens von der Schnurvorrichtung gestatten. Das Vorderwerk wird mit dem Gegenzug für Hoch-, Tief- und Stehschäfte bewegt, und zwar so, daß ein Schaft nach aufwärts, einer nach abwärts bewegt wird, während die übrigen in Ruhe bleiben. Zwischen Schnurvorrichtung und Vorderwerk entsteht das sogenannte **Kreuzfach,** welches in Fig. 174 für eine vierfädige Aushebung, z. B. durch die Bewegung der Schäfte 3 und 7, ersichtlich wird.

Fig. 175 zeigt die Konstruktion eines vierfädigen Damastes. Hiebei sind die Helfenbündel die vierteiligen Jacquardhelfen und die vertikalen Linien die Kettenfäden, welche der Reihe nach überdies in die Schäfte 1 bis 8 mit Fachhelfen eingezogen werden. B ist die Schnürung der Tritte für achtbindigen Atlas als Grundbindung der Figur und des Grundes, wobei $\bigvee$ die Hebung des Schaftes und $\bigwedge$ die Senkung bedeutet. Tatsächlich wird nur die Senkung geschnürt. Die Trittweise ist gerade durch und z. B. Tritt 1 mit Schaft 2 oder 6 verbunden, derart, daß der Tritt den 2. und 10. usw. Kettenfaden ($\bigcirc$) aus den gehobenen Kettenteilen senkt und den 6., 14., 24. usw. Kettenfaden ($\times$) der liegen bleibenden Kettenteile hebt, also den Schuß nach Kett- und Schußatlas abbindet. C gibt die Schlagpatrone für die im Gewebe entstehende vergrößerte Bindung A an.

Bindung A bezieht sich auf die Anwendung eines Gegenzuges mit Rollen nach Fig. 152, I. Teil, 5. Aufl., welcher häufig in Anwendung steht.

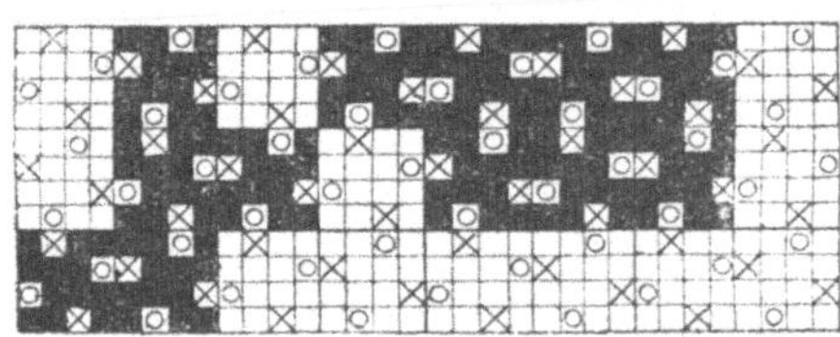

Fig. 176.

Im übrigen aber wählt man für die Abbindung in der Kettfigur entgegengesetzt verlaufende Bindungen, so daß z. B. nach Fig. 176 die Kontur der Figuren besser abgebunden, also schärfer erscheint, was jedoch nur bei vierfädiger Aushebung der Fall ist.

Daraus folgt ferner, daß die Jacquardmaschine für vier Schuß ausgehoben bleibt, während vier Tritte der Schaftzugvorrichtung nacheinander getreten werden. Letzteres bleibt aber nicht Regel, sobald der Schuß ungleichmäßig oder die Dichte von jener der Kette verschieden ist. Es bleibt mithin dem Weber selbst überlassen, eine korrekte Figurbildung zu erreichen. Als Grundbindung kann selbstverständlich auch jede andere passende zur Anwendung kommen.

Fig. 177 zeigt eine spezielle Einrichtung, das sogenannte **halbe Werk** zwischen dem Streichbaum SB und der Schnurvorrichtung, um die allzusehr beanspruchten Kettenfäden zu schonen. Durch die Bildung eines Kreuzfaches erfährt der einzelne Faden einen zweifachen Zug, Fig. 174. Er wird notwendigerweise gedehnt. Um nun diesen Übelstand abzustellen, kann man die Kettenfäden, bevor sie in die Jacquardhelfen gezogen werden, in jene Helfen *H*, Fig. 177, einziehen, welche nur die unteren Helfenschnüre mit

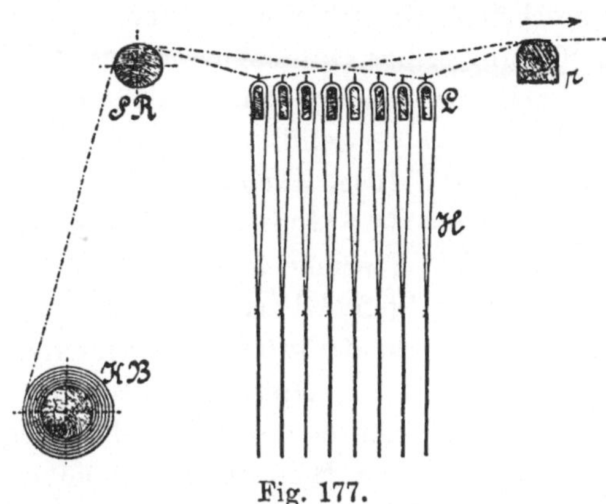

Fig. 177.

Anhangeisen belastet besitzen und in einem besonderen Gestell angeordnet sind. Bei der auftretenden größeren Knickspannung des Kettenfadens geben sie nach und verhindern eine übermäßige Ausdehnung des Fadens. Man kann mit dieser Vorrichtung viel feinere Garne verweben. Die Tiefe des Stuhles wird durch die beschriebenen Helfen und Vorderwerke vergrößert.

Die Damastmaschine.

Versuche, das Vorderwerk in Wegfall zu bringen, also ohne Kreuzfach zu arbeiten, sind bereits 1859—1861 gemacht worden. So machte C. H. Eckhardt einen Vorschlag, die einzelnen Helfen mit den Schnüren durch Gummischnüre zu verbinden. Er baute einen derartigen Stuhl, bei welchem die Grundbindung mit Schäften auf- und abwärts gezogen wurde. Das Gummi unterlag einer allzu raschen Abnützung. Einige Zeit später wurde von Robert Seydel in Glauchau eine andere Erfindung in Vorschlag gebracht.

Die Hebeschnüre mußten hiebei drei Schnurbretter passieren, welche die Schnüre in einen Winkel stellten. Das mittlere Schnurbrett bestand aus einzelnen Stäben, welche verschoben wurden und die Knickung der Schnur durch seitlichen Schub der Schaftleisten aufhoben, wodurch gehobene Helfen wieder ins Unterfach gelangten. Praktische Versuche sind erst von der Firma Oberleithner in Mähr.-Schönberg gemacht worden. Hermann Wilke in Chemnitz hatte zuerst die Idee, eine Nadel so viele Platinen umfassen zu lassen, als ein Kettenteil Fäden hat. Zwei Messer für eine Platinenreihe brachten durch ihren verschiedenen Eingriff die Grundbindung hervor. Eine ähnliche Ausführung derartiger Maschinen ließ sich Emil Hoster patentieren. Im Jahre 1882 erwarb die sächsische Fabrik Louis Schönherr ein Patent eines mechanischen Stuhles, dessen Damastmaschine von Günther erfunden wurde; dieselbe wurde seither bereits umgebaut und ist auch die allgemeine Einführung dieser Maschine an dem hohen Preise und der Kompliziertheit der Schnurvorrichtung gescheitert. Günther hat später eine anscheinend günstige Lösung durch die Erfindung seiner Damastmaschine mit sogenannten Pendelplatinen gefunden. Auch noch andere haben sich mit der Erfindung einer verwendbaren Damastmaschine beschäftigt. Josef Tschörner in Kesmark in Ungarn griff den Gedanken Wilkes auf, eine Nadel vier Platinen umfassen zu lassen. Er wendet außer den Obermessern noch bewegliche **Bodenbrettstäbe** als **Untermesser** an.

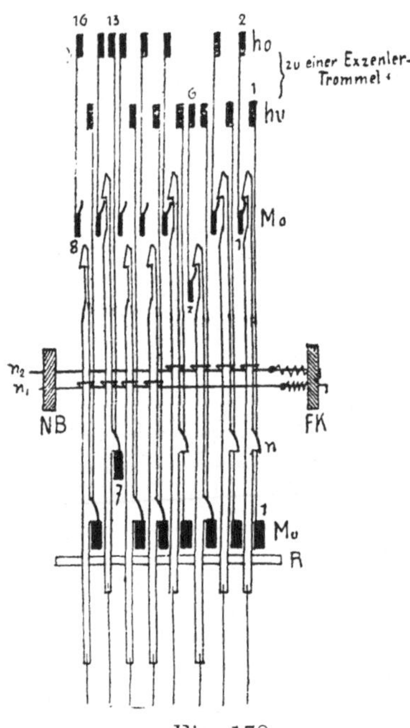

Fig. 178.

Diese Damastmaschine, Fig. 178, verrichtet die Arbeit der Jacquardmaschine und der Schäfte miteinander vereint, webt also Damast ohne Vorderwerk und ohne Kreuzfach dadurch, daß die Platinen, von denen mehrere in einer Nadel gefaßt sind, durch einzeln bewegte Ober- und Untermesser entsprechend der Bildung des Musters und der Bindung gehoben werden beziehungsweise gesenkt bleiben. Die Messer *Mo* heben die Figur aus, wobei eines in Ruhe bleibt, d. h. Bindung ins Oberfach bringt; gleichzeitig bewegt sich ein Untermesser *Mu* nach aufwärts und bringt Bindung ins Unterfach. Die Bewegung der Messer entspricht der Bindung und geht von einer Exzentertrommel aus, welche am Umfang verschieden geformte Nuten besitzt. Der Umfang derselben ist in acht Teile geteilt. Jede $^1/_8$ Stelle bedeutet einen Schuß, wobei das 4. und 8. Achtel das Prisma einmal bewegt und wendet. Auch diese Maschine besitzt Nachteile. Große Platinenzahl und unbedingte Eintragung von vier Schuß nach jeder Wendung des Jacquardprismas erschwert die Anwendung in der Praxis. Hermann Grosse in Greiz baut nach demselben Grundgedanken Damastmaschinen, die sich in die Praxis einführen.

Der Gedanke Seidels, die in den Winkel gestellten Hebeschnüre zur Anwendung zu bringen, um das Kreuzfach zu vermeiden, veranlaßten den Verfasser, Versuche in der Weise zu machen, daß die Lochstäbe wegfielen.

Die Winkelstellung der Hebeschnüre wird hiebei durch besondere

Halteschnüre erzielt, wodurch die Reibung der Hebeschnüre sich kaum wesentlich erhöht. Fig. 179 zeigt dieses Prinzip in der neuen Anordnung.

Pt und *Ph* sind die Platinen mit den nach Kettenteilen beschnürten Hebeschnüren. Letztere durchlaufen das obere Schnurbrett *So*, setzen sich

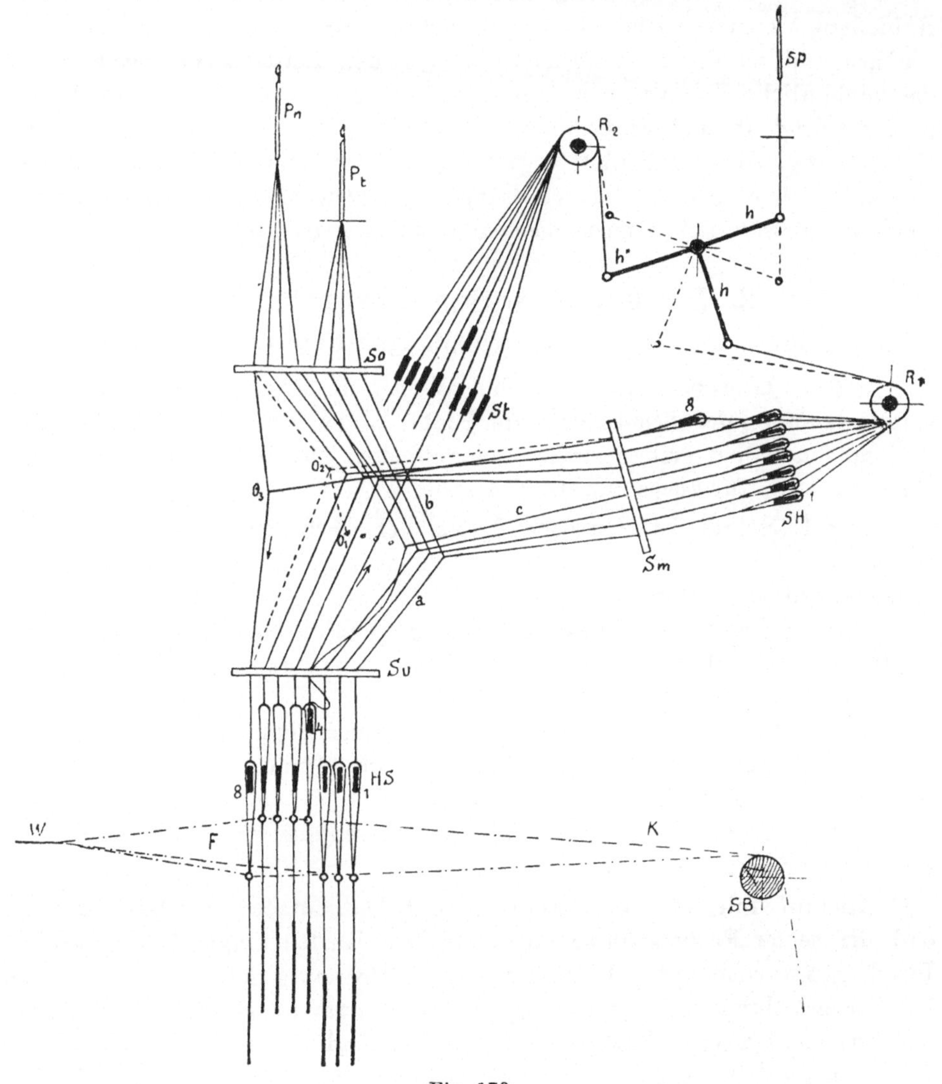

Fig. 179.

dann im Schnurschenkel *b* fort, welcher mit der Halteschnur *c* und dem Schenkel *a* den eigentlichen Schnurwinkel *b a* bilden, welcher von der gestreckten Lage O_3 so weit abweicht, daß zirka 120° Knickung entsteht. Die Schnurteile *b* gehen mit jenen von *c* vereint bei *a* durch das untere

Schnurbrett *Su* zu den Helfen. Die Halteschnüre gehen nach rückwärts durch ein Führungsbrett *Sm* und hängen schaftweise an den Senkungsschäften *SH*. Die Hebeschäfte *HS* stecken in den Jacquardhelfen und bringen die Bindung für das Unterfach. *SH* lassen die ausgehobenen Verknotungen O_2 durch Streckung des Schnurwinkels wieder nach O_3 behufs Abbindung des Oberfaches. Diese Vorrichtung arbeitet auch für Hoch- und Tieffach und ist die Bindungsmaschine mit den Platinen *SP* rückwärts an die gewöhnliche Jacquardmaschine montiert. Der wesentliche Vorteil liegt in der Billigkeit und Einfachheit. Es ändert sich hauptsächlich bloß die Beschnürnng. *St* sind Hilfsstäbe für *HS*; sie sind mit *SH* je nach Bindung verschnürt. Die Firma Norbert Langer in Deutsch-Liebau i. M. arbeitet damit auf gewöhnlichen mechanischen Stühlen jeder Breite.

3. Die doppelte Schnurvorrichtung
für gemusterte Gewebe mit zweifädiger Figurkonturabstufung.

Solche Gewebe sind z. B. die Wiener Kaschmirschals, welche nur mittels lancierender Schußfäden die Figur bilden, und die Kettenfäden in vierbindigen Köper erstere fortlaufend abbinden. Die Reihenfolge der Schußfäden ist z. B. für sechs Farben folgende:

Der 1. Schuß ist Grundschuß, welcher vierbindigen Doppelköper im Grunde und vierbindigen einfachen Schußköper in der Figur abbindet und dem Gewebe den Halt gibt.

Der 2. Schuß ist Füllschuß, welcher den vierbindigen Doppelköper im Grunde fortbildet, während derselbe in der Figur flottiert und später ausgeschnitten wird.

Der 3. Schuß ist Figurschuß, welcher an der Figurstelle in vierbindigem einfachen Köper Figur bildet, während er im Grunde auf der verkehrten Seite flottiert, allenfalls abgeschnitten wird.

Der 4., 5., 6., 7., 8. sind gleichfalls Figurschüsse wie vorher, nur bilden sie an anderen Stellen Figur.

Hierauf folgt die Wiederholung der bezeichneten Schüsse, so zwar, daß die sechs Farbenschüsse mit denselben Karten eingeschossen werden. Im übrigen wird manchmal nur stets ein Viertel eines Schals gewebt, welche bei Fertigstellung von vier solchen Teilen aneinandergefügt werden, derart, daß das quadratische Gewebe in den Ecken und in der Mitte symmetrisch Figur zeigt. Zur Erzeugung dieser Schals wendet man zwei Jacquardmaschinen das Doppelmaschinsystem an, mit welchen die Figur hergestellt wird. Die eigentliche Bindung wird durch Vorderwerke zum Heben und Senken mit einer Schaftmaschine hervorgebracht, deren Reserveplatinen noch zu einigen anderen Bewegungen dienen. Die Schnurvorrichtung hat demnach die Eigentümlichkeit, daß die erste Platine, Fig. 180, der einen Maschine, gewöhnlich der hinteren, welche man die **ungerade** nennt, das erste Helfenauge mit zwei Fäden hebt (eine Helfe für zwei Fäden). Die zweite Platine derselben Maschine hebt das zweite und dritte Auge, also vier Fäden. Die dritte Platine das vierte und fünfte Auge wieder vier Fäden und so fort, mithin jede Platine zwei Augen, nur die erste und letzte Platine dagegen heben ein Auge. Die erste Platine der **geraden** Maschine hebt das erste und zweite Auge, die zweite Platine das dritte und vierte Auge, die dritte Platine das fünfte und sechste Auge, also immer zwei Augen mit vier Fäden. Durch Fig. 180 wird man zur Einsicht gelangen, daß jedes Helfenauge durch zwei Schnüre beziehungsweise von zwei Platinen gehoben werden kann, daß aber die Hebungen, welche die ungerade Maschine hervorbringt, im Verhältnis zu jenen durch die gerade Maschine hervorgebrachten, stets um zwei Fäden abstufen. Fig. 181 zeigt den Einzug in die Vorderwerke. Eine Eigentümlichkeit dieser Schals ist ferner, daß sich eine Anzahl Figurschüsse zweimal hintereinander wiederholen; nimmt man z. B. sechs Farben an, so sieht man, daß sie in zwei Schußlinien wiederholt werden; nach gewöhnlicher Einrichtung müssen die Karten zweimal vorhanden sein. Damit sie tatsächlich nicht doppelt in der Karte eingebunden sind, ist eine Einrichtung an der Prismalade angebracht, welche von einer Schaftmaschine ausgeschaltet wird, so daß das Jacquardprisma um ebensoviel Karten zurückläuft, als sich Schußfäden wiederholen. Eine derartige Vorrichtung für das Zurücklaufen des Prismas ist die

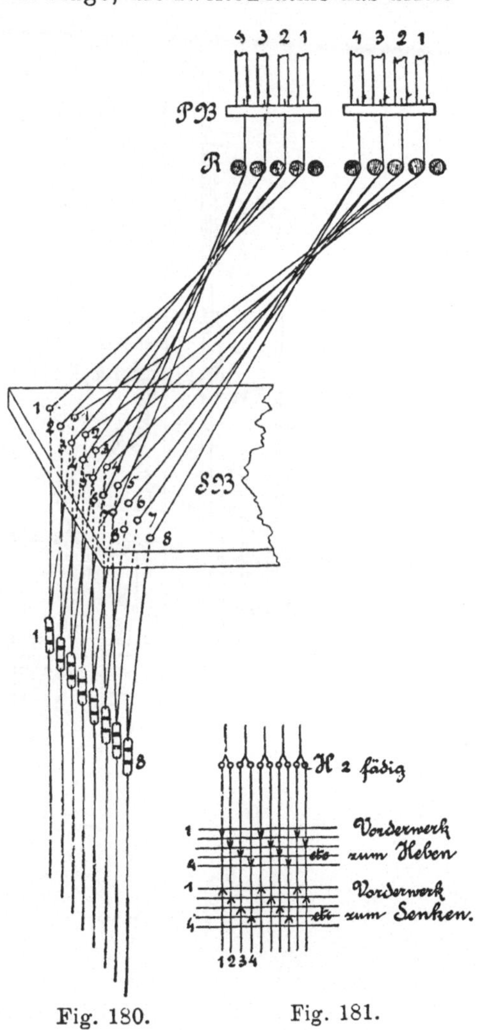

Fig. 180.   Fig. 181.

Lyoner Repetiervorrichtung.

An der Achse des Prismas Pr sitzt außerhalb ein kleines Zahnrad x_1, welches in ein anderes x_2 eingreift, das mit einer Schnurscheibe R in Verbindung ist, so daß beim regelmäßigen Wenden des Prismas sich eine durch

ein Gewicht gespannte Schnur daran aufwickelt. Nach dem sechsten Lancier-
schusse hebt eine kleine Schaftmaschine den Prismadrücker D aus, was ein
Abwickeln der Schnur und ein Zurückdrehen des Prismas und Zurück-
schlagen der Karten zur Folge hat. Die Begrenzung des Rücklaufes des
Prismas erfolgt durch einen Stift s, welcher, in dem Zahnrade z_2 befestigt,
an den Ladenarm anschlägt.

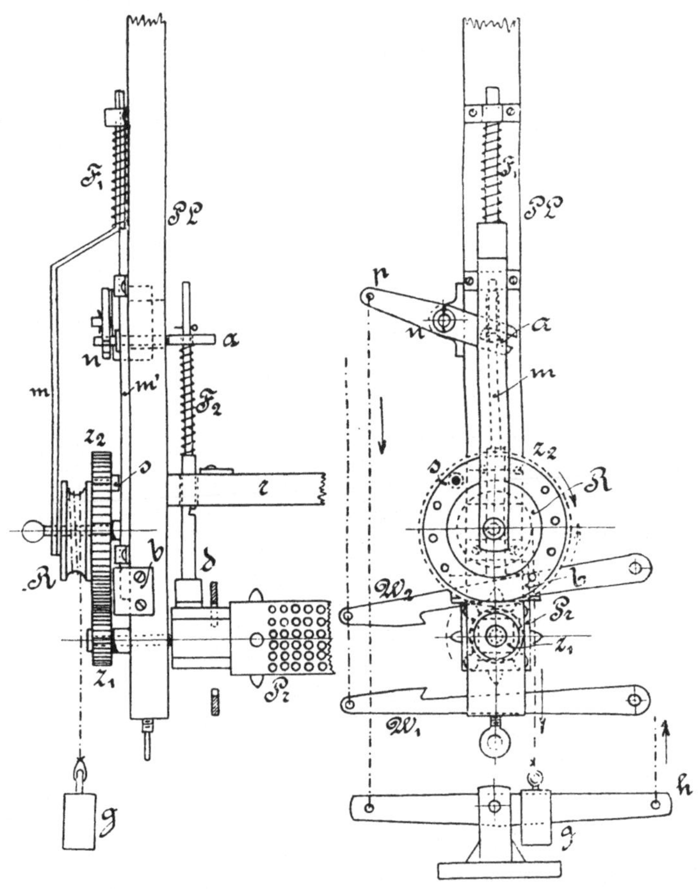

Fig. 182.

Was das für Schalpatronen allein übliche, ziegelartig angeordnete
Linienpapier, Fig. 183a, betrifft, so wird dadurch die Kontur der Figuren
selbst bei Anwendung einer einfachen Punktlinie der Patrone b zusammenhängend erscheinen, also dem wirklichen Aussehen der Figur im Gewebe
früher entsprechen, als bei gewöhnlich karriertem Linienpapier, bei welchem
in diagonaler Richtung die Punkte in der Zeichnung nur mit den Spitzen
zusammenhängend sein würden, wie Fig. 183b zeigt, während im Gewebe

eine Schrägkontur stets, wenigstens nach der Abstufungsrichtung, voll und als zusammenhängende Köperlinie ausfällt. Als weiteren Ersatz des Papiers, Fig. 183 a, kann man auch solches nach Fig. 183 c liniertes Papier anwenden.

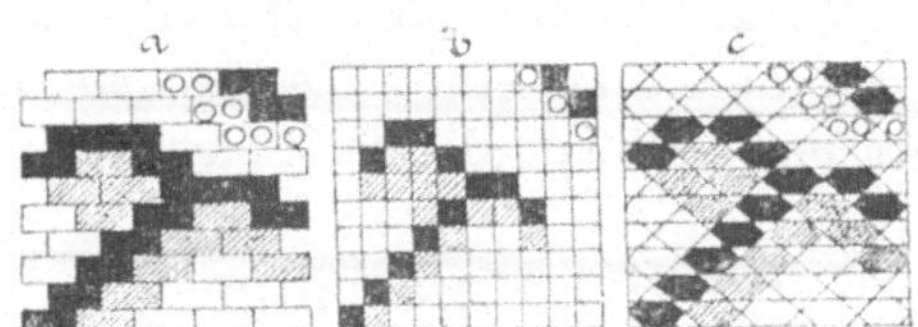

Fig. 183.

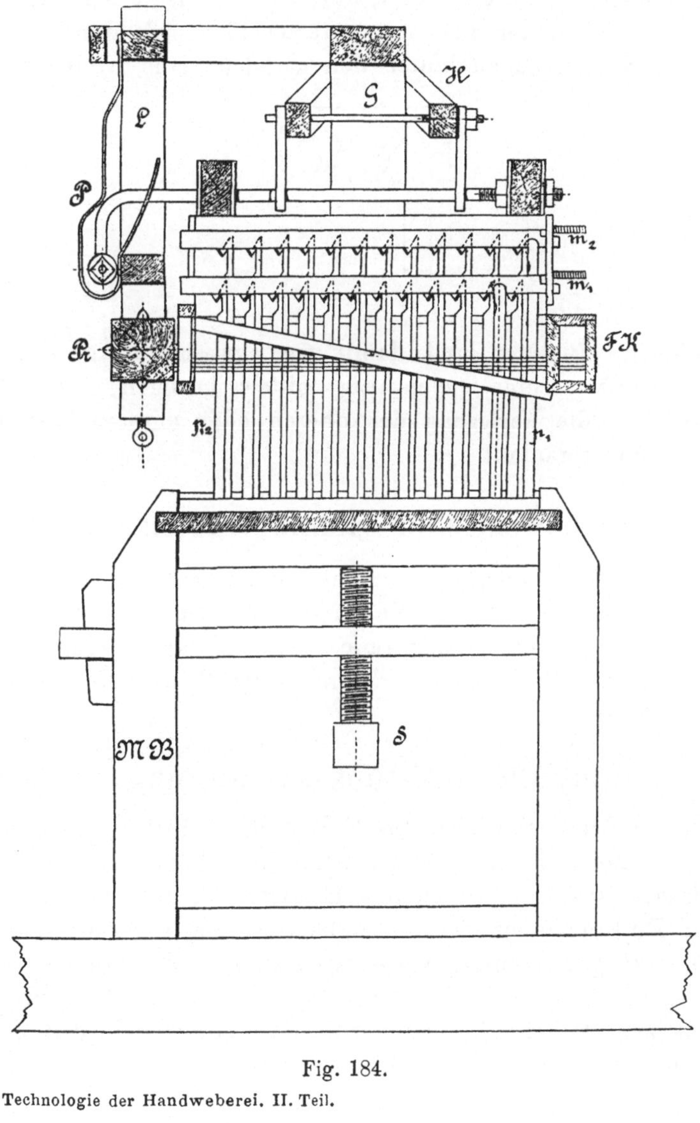

Fig. 184.

Weil nun, bevor sich die Lancierschüsse wiederholen, eine Abstufung erfolgen muß, so arbeiten beide Jacquardmaschinen abwechselnd. Das Ausrücken der einen und das Einrücken der anderen Maschine geschieht von der erwähnten kleinen Schaftmaschine aus. Anstatt der beiden getrennten Jacquardmaschinen verwendet man eine Maschine mit doppelter Platinenzahl, in der Doppelmaschine vereinigt. Sie heißt für unseren besonderen Zweck

die Schalmaschine,

Es ändert sich hiebei der Messerkasten, welcher zwei Reihen m_1 und m_2 übereinanderstehender Messer enthält, und die Zahl der Platinen; die Nadelzahl bleibt. Die ungeraden Platinen unterscheiden sich durch die größere Länge und sie stehen genau hinter den geraden; eine Nadel bewegt zwei

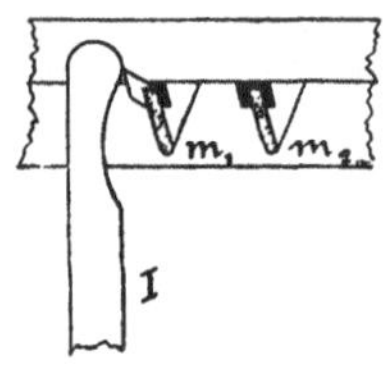

Fig. 185.

zusammengehörige Platinen und damit sie abwechselnd gezogen werden, bewegt die Schaftmaschine gleichzeitig mittels Daumen einen Drücker I, Fig. 185, welcher die Verlegung der oberen oder unteren Messer bei m_1 oder m_2, Fig. 184, veranlaßt.

4. Die beweglichen Schnurvorrichtungen.

Dieselben werden dort angewendet, wo entweder in den Ecken eines Gewebes verkehrtliegende **Eckstücke** entstehen sollen oder wo im Eck oder in der Mitte der Borte ein Monogramm oder ein Wappen eingewebt werden soll oder auch zur Kartenersparnis und Vergrößerung der Muster. Man unterscheidet daher:

a) Die Eckstückbeschnürung

für Gewebe, bei denen zwei über das Eck stehende Figuren entgegengesetzte Richtung bekommen sollen, wie die schematische Figur 186 zeigt. Der Einzug der Schnüre ist folgender: In das Brettchen A, Fig. 186, zieht man die Schnüre der Platinen 1 bis 200 von links nach rechts gerade durch und in das Brettchen B genau entgegengesetzt, also im Spitz. In das eigentliche Schnurbrett zieht man sie in derselben Ordnung ein, so daß jede Helfe für das Eckstück zwei Schnüre bekommt, von denen die eine in das Brettchen B eingezogen ist, und zwar die 1. Helfe H mit der 1. und 200. Platine in Verbindung steht usw.; endlich die 200. Helfe mit der 200. und 1. Platine. Beim An- und Gleichhängen schiebt man beide Brettchen in die Stellung A so daß, wenn sie später nach innen um zirka 20 *cm* gezogen werden, sämtliche darin befindlichen Schnüre schlaff sind.

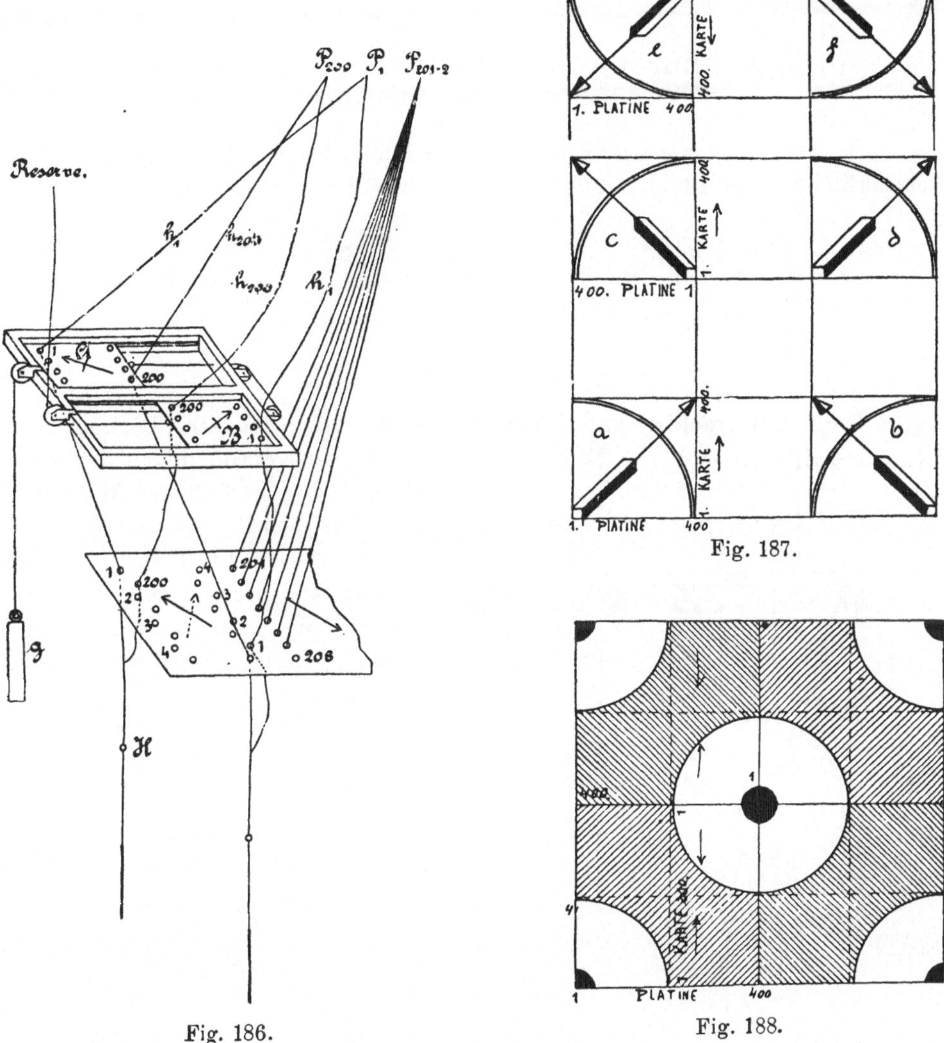

Fig. 186.

Fig. 187.

Fig. 188.

Auf der rechten Seite des Stuhles ist die Vorrichtung genau entgegengesetzt im Spitz angebracht. Daraus folgt, daß, wenn die Brettchen A nach außen geschoben sind, links und rechts die Platinen 1 bis 200 im Spitz arbeiten. Sind hingegen die Brettchen B nach außen geschoben, so arbeiten links und rechts die Platinen 200 bis 1 wieder im Spitz, jedoch derart, daß der Kettenfaden 1 zum 200. und der Kettenfaden 200 zum 1. wird, die Figur also in der Schußborte beim Zurückweben der Karten verkehrt symmetrisch entsteht, z. B. *e*, *f*, Fig. 187.

Wird die Beschnürung mit nur zwei verschiebbaren Bretterpaaren ohne Mittelrapporte ausgeführt, so entsteht ein Schema der Figurbildung nach Fig. 188.

b) Beschnürung zum Einweben von Wappen und Namenszügen.

Fig. 189 zeigt die Schnürordnung im Schnurbrette beziehungsweise das schematische Warenbild mit der gewünschten Mitte für Namen. Wir haben

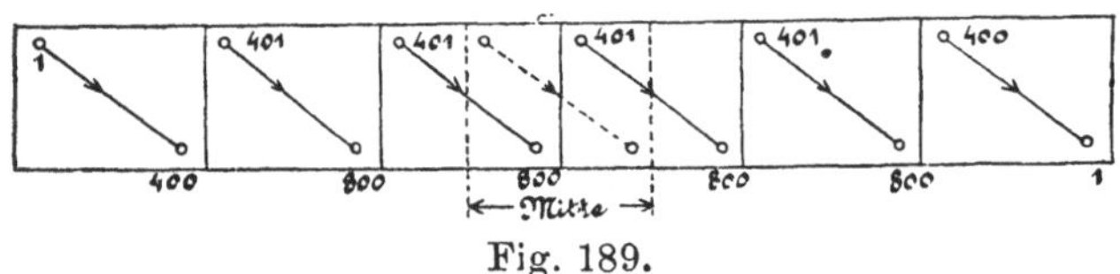

Fig. 189.

einen Stoff mit rechter und linker Borte im Spitz von 400 Platinen der Maschine *A*, Fig. 190. Die Mitte zeigt vier Rapporte gerade durch dieselben Platinen 401 bis 800 der Maschine. Man will jedoch in der Mitte von Faden 1001 bis 1400, das sind zusammen 400 Fäden, ein Wappen oder ein Monogramm weben (weiß in weiß) durch denselben Schuß. Zu diesem Zwecke sind 400 Platinen oder eine kleine Jacquardmaschine *B* zu 400 Platinen notwendig. Die Schnüre derselben laufen durch den schräg gestellten Rost R_2, Fig. 190, in das allgemeine

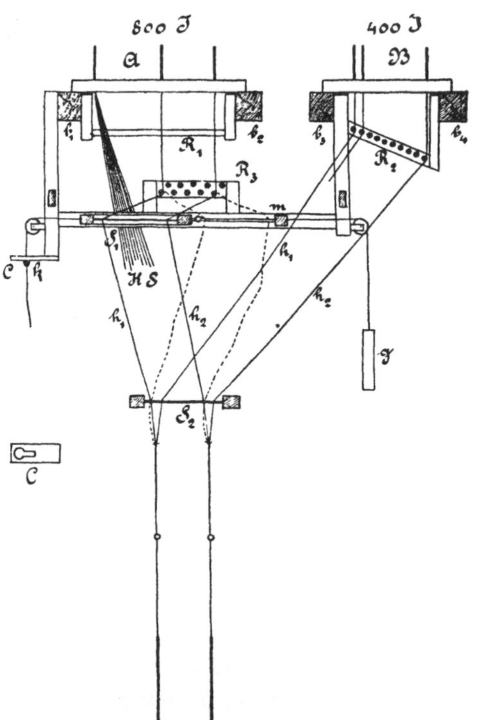

Fig. 190.

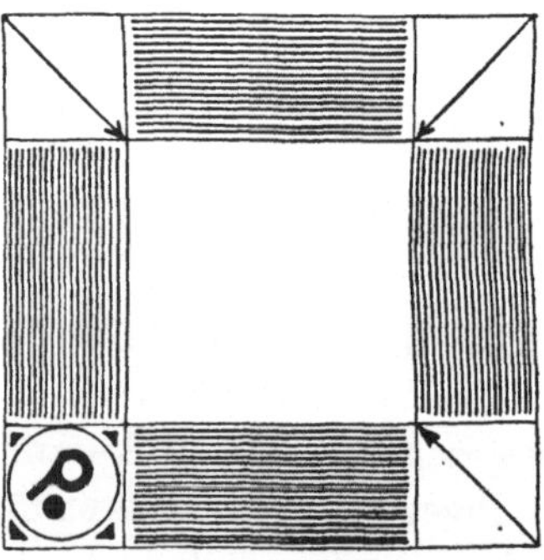

Fig. 191.

Schnurbrett S_2 und sind gleichzeitig mit den Helfen der Fäden 1001 bis 1400 verbunden. Die Hebeschnüre derselben Fäden und nur diese sind durch ein kleines Schnurbrett S_1 gezogen, welches in einer Führung sich horizontal verschieben läßt. In der gezeichneten Stellung wird es durch den Knoten k im Schlitze C gehalten, derart, daß die Schnüre der Helfen 1001 bis 1400 gespannt sind. Soll nun das Wappen gewebt werden, so wird die kleine Maschine mit der großen Maschine gekuppelt, gleichzeitig der Knoten k ausgelöst und das Schnurbrett S_1 durch das Gewicht g nach hinten geschoben, bis es an den Anschlag m anstößt. In dieser Stellung sind die Schnüre dieses Brettchens schlaff. Die Helfen 1001 bis 1400 stehen nunmehr nur noch mit der Figurmaschine B in unmittelbarer Verbindung, alle übrigen Helfen mit der Maschine A.

Das Einweben der Monogramme kann auch auf dieselbe Weise in den Ecken der Tücher stattfinden nach dem Schema Fig. 191.

c) Beschnürung für beliebig versetzte Figuren.

Die Versetzung von Figuren in Jacquardgeweben erfolgt am häufigsten nach den Grundmotiven der einfachen Bindungen, also leinwand-, köper-, atlasartig oder Streifen bildend. Karl Peter in Neubistritz hat hiefür eine bewegliche Schnurvorrichtung konstruiert, die mit Vorteil bei allen Arten von Geweben mit versetzten Figuren, für Möbelstoffe, Kleiderstoffe und Krawattenstoffe, sowie auch für abgepaßte Gewebe, verwendet werden kann.

Die Musterabteilungen mancher Webereien, z. B. der Krawattenstoffwebereien, versetzen häufig die Grundmotive verschiedenartig, um durch Vergleiche die günstigste Wirkung auszuwählen. Sie können mit dieser Stuhlvorrichtung Zeit und Kosten vermindern. Bei dieser in Fig. 192 dargestellten Jacquardbeschnürung wird die Zahl der Platinen nur für ein Grundmotiv MZ bemessen, welches jedoch im Gewebe G um Rapportteile beliebig verschoben, versetzt und auch beliebig oft wiederholt werden kann und die übrigen Rapportflächen die glatte Bindung des Grundmusters erhalten.

So sind in Fig. 192 für ein Beispiel acht Rapportteile in vierbindig versetztem Grundmotiv ersichtlich. A ist das obere, C das untere, B das mittlere Schnürbrett. Letzteres besteht aus in der Kettenrichtung verschieb- und feststellbaren Einzelteilen a bis h. Die Beschnürung ist in allen Schnürbrettern vollkommen gleich und erfolgt das An- und Gleichhängen der Helfen bei nach rückwärts zurückgeschobenen Stellungen. Befinden sich alle Schnürbretteile in der vorderen Stellung, so sind alle Hebeschnüre schlaff und die Jacquardmaschine bleibt bei der Hebung ohne Einfluß. Die Grundbindung aller glatten musterlosen Teile wird mit Unterschäften oder Vorderschäften mit Hebehelfen durch Reserveplatinen oder Schaftmaschine erzielt. Werden jedoch Schnürbretteile, z. B. b und f, nach hinten verschoben und dort festgestellt, so wird an diesen Rapportteilstellen beim Weben das Figur-

fach der Musterstelle durch die Jacquardmaschine mit den gespannten Hebeschnüren ausgehoben. Da die Einstellung der Einzelbretter beliebig erfolgen
kann, so ist man in der Lage, jede beliebig versetzte Figurstelle zu weben.

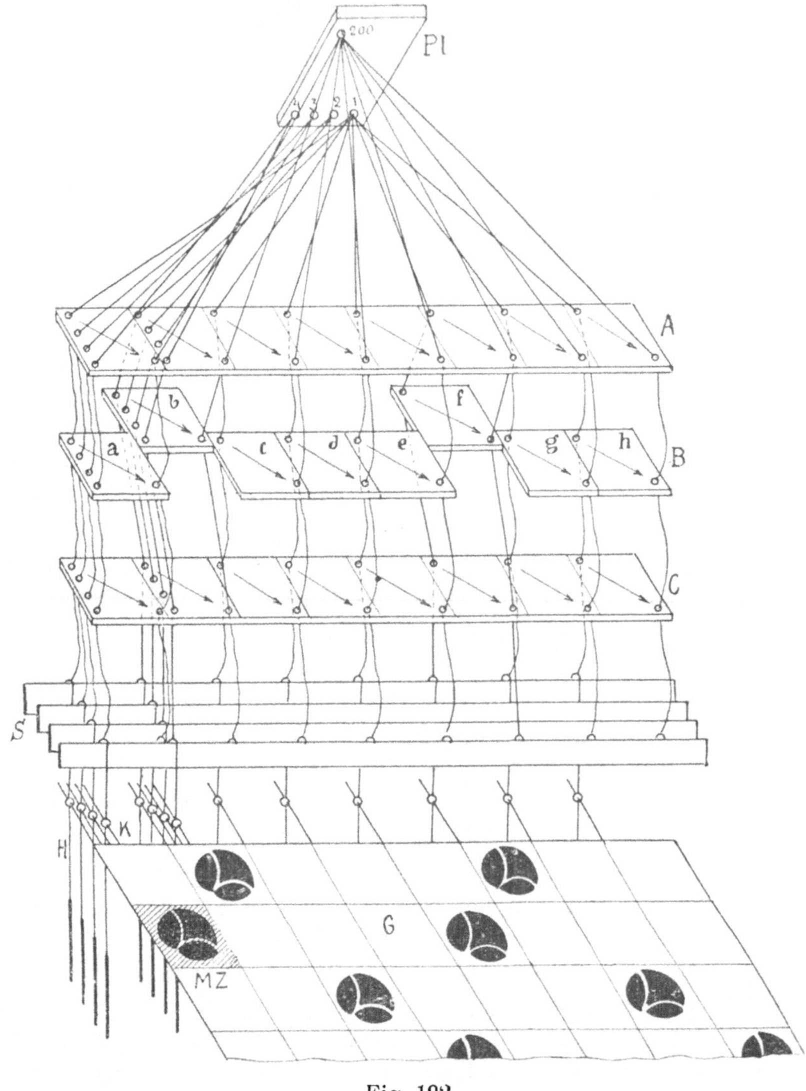

Fig. 192.

Fig. 193 zeigt einen Querschnitt xy durch die beschriebene Vorrichtung.
An derselben ist das Schiebebrett a im Mittelrahmen l_3 nach hinten mit
dem Stifte m verriegelt gezeichnet, so daß die Schnüre in der arbeitenden
Spannung sich befinden.

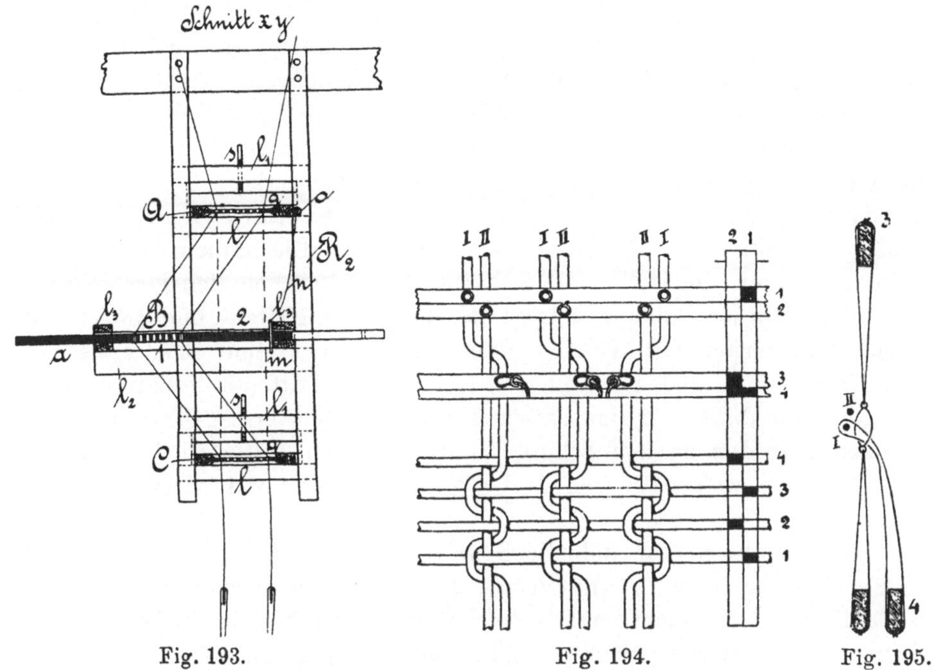

Fig. 193. Fig. 194. Fig. 195.

5. Beschnürungen für Dreherstoffe.

Dreherstoffe sind Gewebe, welche durchbrochene Stellen zeigen, die durch scheinbare gegenseitige Umschlingung zweier oder mehrerer nebeneinander liegender Kettenfäden entstehen.

a) Der Schaftdreher.

Die Öffnungen, welche sich bilden, sind bleibend, weshalb derartige Stoffe zu Sieben, Besatz- und Kleiderstoffen und anderen Aufputzstoffen Verwendung finden. Die zusammenarbeitenden Kettenfäden scheiden sich in den **Stehefaden** und in den **Drehefaden.** Je nach der Größe der Musterung unterscheidet man **Schaftdreher** und **Jacquarddreher.** Was die erste Art betrifft, so benötigt dieselbe das **Grundwerk,** in welches die Fäden wie gewöhnlich eingezogen werden, und das **Drehewerk,** das für das glatte Drehergewebe aus einem ganzen und einem halben Schafte besteht. Die Bindungszeichnung für Schaftdreher wird gewöhnlich sorgfältig ausgeführt, so daß die Drehepunkte deutlich ersichtlich sind. Fig. 194 zeigt die Bindungszeichnung für ein derartig glattes Gewebe. *I* und *II* sind die Kettenfäden beziehungsweise *II* der Grund- oder Stehfaden, *I* der Drehefaden. Die gegenseitige Umschlingung mit eingewebtem Schusse ist deutlich erkennbar.

In Wirklichkeit nimmt der Stehfaden *II* gleichfalls eine geschlungene Lage an. Der Einzug dieser beiden Fäden erfolgt vorerst in das Grundwerk 1 und 2 gerade durch wie gewöhnlich, während der Einzug in das Drehewerk 3 und 4 abweichend erfolgt. Der Drehefaden *I* geht **unter** dem Grundfaden *II* durch die **Drehehelfe,** welche entweder rechts oder links vom Grundfaden zu stehen kommt und mithin ein **Rechts-** oder **Linksdreher** erzielt wird. Fig. 195 zeigt das Schema des Drehewerkes; 3 ist der **ganze Schaft,** 4 der **halbe,** welcher im wesentlichen nur einen Schaftstab 4 mit darüber geschlungenen halben Helfen bekommt. Die halben Helfen gehen durch die Augen der Helfen des Schaftes 3 und erhalten den Drehefaden *I.* Der Rapport dieser Bindung beträgt demnach zwei Ketten- und zwei Schußfäden, wofür ferner zwei Tritte 1 und 2 erforderlich sind. Der erste Tritt wird mit Schaft 1 und 4 geschnürt. Der zweite Tritt mit Schaft 3 und 4. Es ergibt sich daher für den ersten Schuß mit dem ersten Tritt ein Leinwandfach. Für den zweiten Schuß mit dem zweiten Tritte wird das **Drehefach** gebildet, welches durch Hebung des dritten und vierten Schaftes entsteht.

Daraus geht hervor, daß die Grundkettenfäden *II* gar keine Bewegung zur Fachbildung machen und Schaft 2 nur deshalb vorhanden ist, damit die Stehfäden sich nicht verschieben und das Drehefach vollkommen rein erhalten wird. Bei Schaftfachvorrichtungen für Hoch- und Tieffach wird der halbe Schaft 4 oben stehen und im gegebenen Falle sich senken müssen. Der Tritt 2 wird der **Drehetritt** oder der **harte Tritt** genannt. Erfolgt die Drehung ununterbrochen, so nennt man diese Gewebe **Ganzdreher.** Werden hingegen nach einer Drehung mehrere Leinwandschüsse folgen, wobei sich selbstverständlich auch der Schaft 2 bewegen und ein dritter Tritt vorhanden sein muß, so ergeben sich die sogenannten **Halbdrehergewebe.** ·Geht man in der Zahl der Grundschüsse weiter, so kann man zwischen den Dreherschüssen größere Bindungsmuster weben. Vermehrt man die Dreherschäfte, so kann man die Drehepunkte abwechselnd in verschiedenen Schüssen erzielen; nimmt man in die Drehehelfe zwei Fäden und zieht diese einzeln in das Grundwerk oder nimmt man drei bis vier Fäden in die Drehelfe und einzeln in das Grundwerk, so kann man die Fäden nach der Drehung einzeln zur gewöhnlichen Musterung verwenden. Zieht man die Kettenfäden einzelner Schäftepartien gar nicht in das Dreherwerk, so ergeben sich abwechselnd Kettstreifen mit Dreher- und solche mit glatter Bindung. Die Musterung ist daher geradeso unbeschränkt wie bei der glatten Weberei mit Schäften. Nur eines ist noch zu bemerken. Die Drehfäden bilden während des Drehefaches einen bedeutenden Winkel mit dem Unterfache (halbes Kreuzfach), weil sie ja von den Fäden des Grundschaftes gehalten werden. Die Beanspruchung ist daher eine größere, weshalb sie auf einem separaten Kettenbaume gebäumt werden müssen, welcher vom Drehetritt (harten Tritt) gelockert wird, so zwar, daß der Kettenbaum sich beim Loslassen desselben Trittes wieder etwas zurückdreht und die Fäden wieder spannt.

Pl. Deutsche Gruppierung.
Pl 65-68
Pl 321
hinten
I
64
65
II
320
321
III
384
Durchsicht auf den
Platinenboden
links
vorn
Pb
S₁
640=64. Pl
I. R₁
K₃
1 ○= 1. Pl
1
2
2'
2"
S₂
2560=320. Pl
II. R₁
1=65. Pl
S₃
64=384. Pl
III. R₁
1 ○=321. Pl
Hh
2'''
Kd
3
4
Hd
H 1-4
K
b a
S₃ S₂ S₁
Sch
Kd
Dreher
K₁

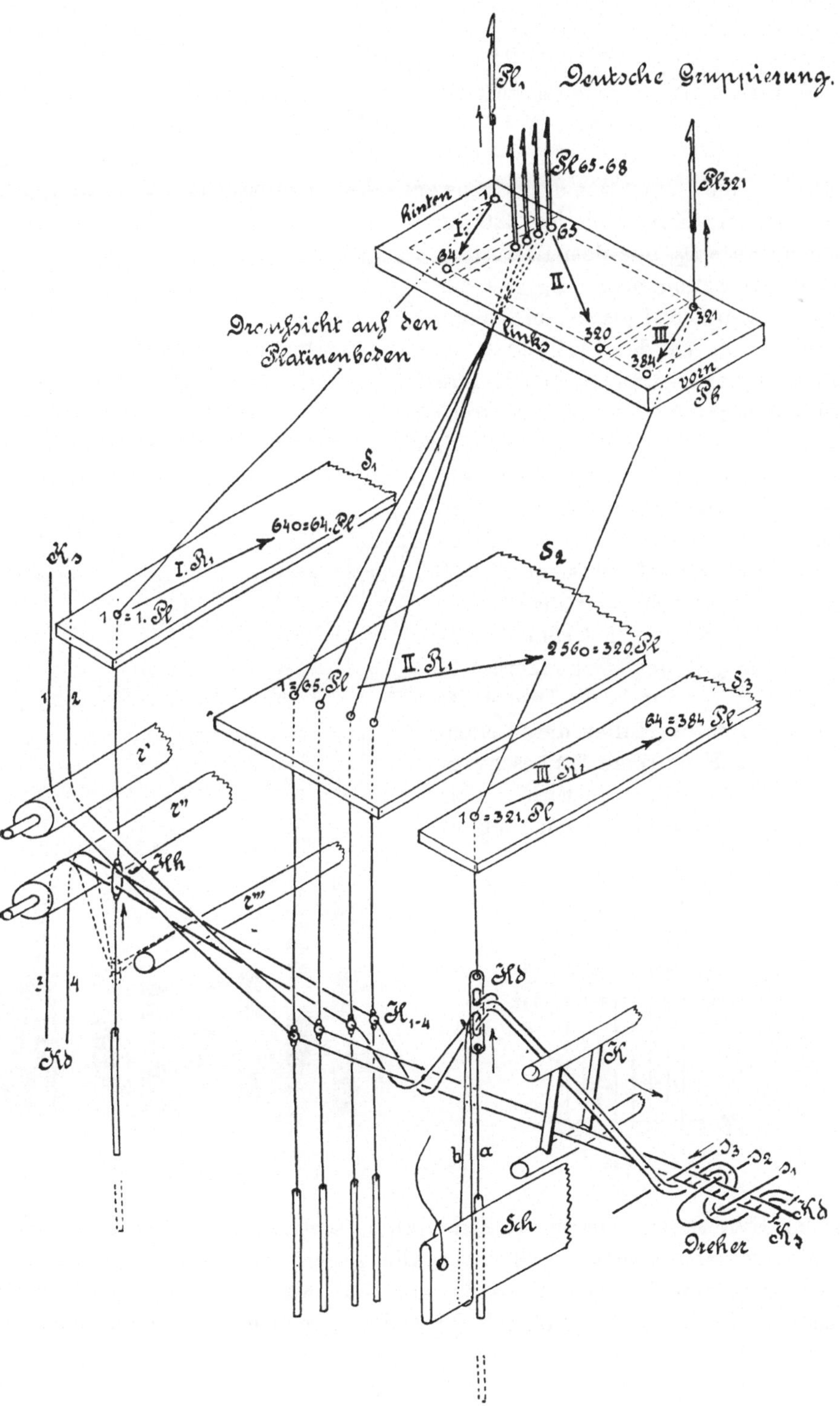

Fig. 196.

b) Der einfache Jacquarddreher.

Was nach Vorhergesagtem für den Schaftdreher gilt, ist auch Regel für den **Jacquarddreher.** Mit Hilfe der Jacquardmaschine läßt sich ja die Musterung fast unbeschränkt machen. Die Schnurvorrichtung wird vorteilhaft nach deutscher Art drei Korps enthalten, und besteht z. B. nach Fig. 196

aus dem II. Korps 65 bis 320 im Schnurbrette S_2, aus dem I. Korps 1 bis 64 im Schnurbrette S_1 und aus dem III. Korps 321 bis 384 im Schnurbrette S_3. S_2 ist das **Stehkorps,** S_3 das **Drehkorps** und S_1 das hintere **Hilfskorps;** letzteres und das Drehkorps hat halb soviel Platinen, weil in der Regel die Drehung über zwei Fäden vor sich geht. Die Stehfäden Ks, 1 und 2 laufen nur durch das II. Korps. Die Drehfäden Kd, 3 und 4 laufen durch zweifädige Helfen Hh des I. Korps, getrennt in die Helfen $H_{3\ u.\ 4}$ des Grundkorps II und paarig vereint in die Drehehelfe Hd, deren halbe Helfen durch einen besonderen Schaftstab Sch beschwert wird. Weil ferner auch hier der Drehfaden verlängert wird, muß er

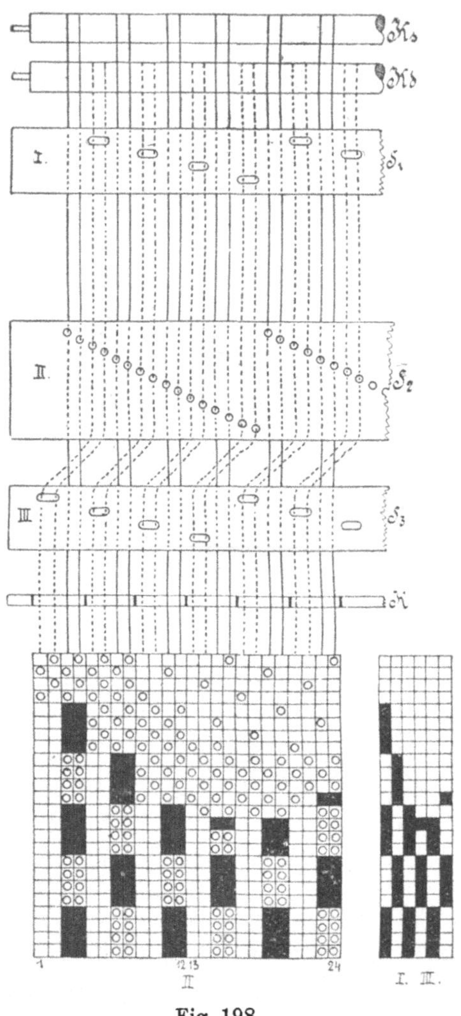

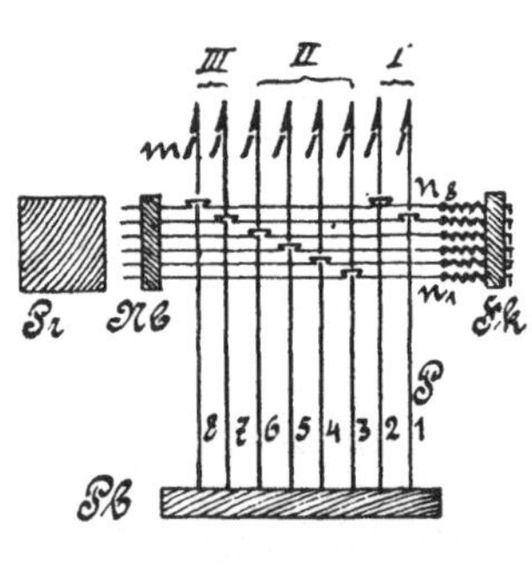

Fig. 197.

Fig. 198.

in das Hinterkorps, dessen Helfen einige Zentimeter (6) tiefer im Winkel stehen, gezogen werden, weil nicht alle gleichzeitig drehen. Hh und Hd heben, von den Platinen 1 bis 64 und 321 bis 384 gezogen, gleichartig. Jeder Zahn im Kamm K bekommt die zusammenarbeitenden Fäden in einem Zahn.

Wendet man die in Fig. 197 ersichtliche besondere Art einer Jacquardmaschine an, bei welcher die Verschnürung der Nadeln mit den Platinen reihenweise so durchgeführt ist, daß diese Nadeln je zwei Platinen gemeinsam betätigen, so können z. B. die Platinenreihen $P_{1\,u.\,2}$ für das hintere Korps I und $P_{7\,u.\,8}$ für das vordere Drehkorps III und die Platinen P_{3--6} für das Grundkorps II verwendet und beschnürt werden. In diesem Falle hat man den Vorteil einer kleineren Maschine, muß dieselbe aber nach offener englischer Art, mit dem Prisma vorn, aufstellen und beschnüren.

Zur klaren und korrekten Darstellung von mit Dreherbindung umgrenzten gewöhnlichen Jacquardfiguren ist es empfehlenswert, den Dreher unmittelbar an die Schußgrenzen der Figur in die bezügliche Patrone, wenn auch nur teilweise möglich, einzusetzen, wie es in der Fig. 198 bei den Kettenfäden 13 bis 24 an der unteren Konturgrenze ersichtlich ist. Nach dem in der Hauptzeichnung, Fig. 196 (Stehfäden links, Drehfäden rechts von diesen), angenommenen Fadeneinzug wird beim Kartenlesen im II. Korps für jeden Kettenfaden eine Platine (○) genommen, im I. und III. Korps jede Kettenlinie gleich eine Platine je vier Kettenfäden (schwarz) genommen.

Jacquarddreher können nur mit Hochfachmaschinen gearbeitet werden.

Fig. 199.

c) Der Doppel- oder Kreuzstichdreher.

Bei den bisher beschriebenen Drehevorrichtungen umschlingt der Drehfaden nur Stehfäden, aber nicht auch Drehfäden. Letzteres ist mit großen Schwierigkeiten verbunden und schien zur Nachahmung von Kreuzstich mustern als Jacquardgewebe undurchführbar. Dem Fachlehrer Karl Walter in

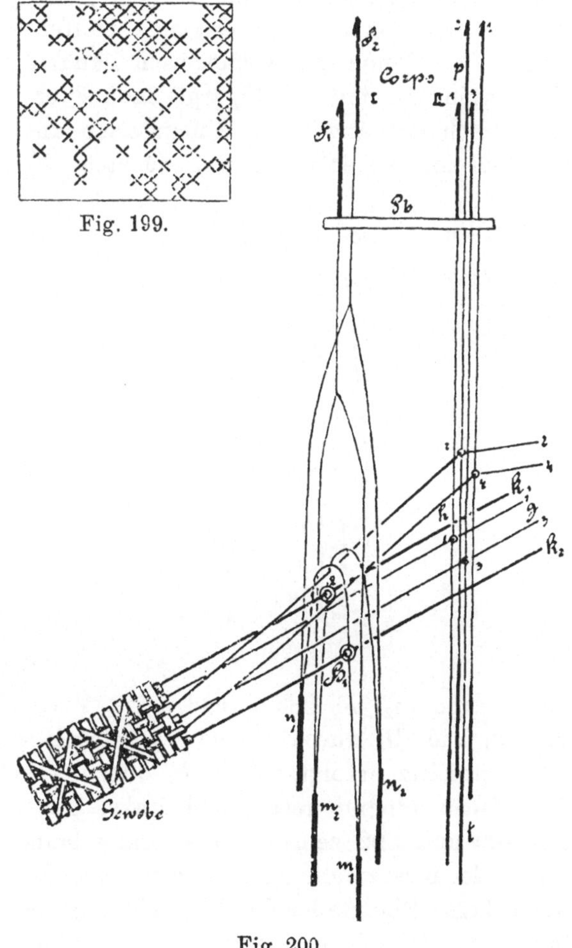

Fig. 200.

Schluckenau ist es gelungen, im Jahre 1890 den sogenannten Kreuzstich durch die Erfindung einer neuen Beschnürung herzustellen. Die Gewebe, welche hier in Betracht kommen, zeigen nach Fig. 199 Kreuzstichmusterung, d. h. je zwei Drehfäden übergreifen mehrere Stehfäden, drehen nach rechts und links, sich gegenseitig übergreifend.

Fig. 200 beziehungsweise 201 zeigt das Schema der Beschnürung beziehungsweise den Einzug der Helfen. Die Platine p_{1-4}, welche einem Schaftwerke oder der Jacquardvorrichtung angehören, haben gewöhnliche Helfen h_{1-4}. Die Figurfäden sind in die Glasringhelfen H_1 und H_2 gezogen und stehen links und rechts und höher als die Grundfäden. Die Helfen H_{1-2} haben keine Oberteile, sondern je zwei nach unten neigende Helfenschnüre, an denen die Anhangeisen hängen. Die Verbindung mit den Figurplatinen F erfolgt durch Anhängen der Anhangeisen unmittelbar an die Hebeschnüre. So steht F_1

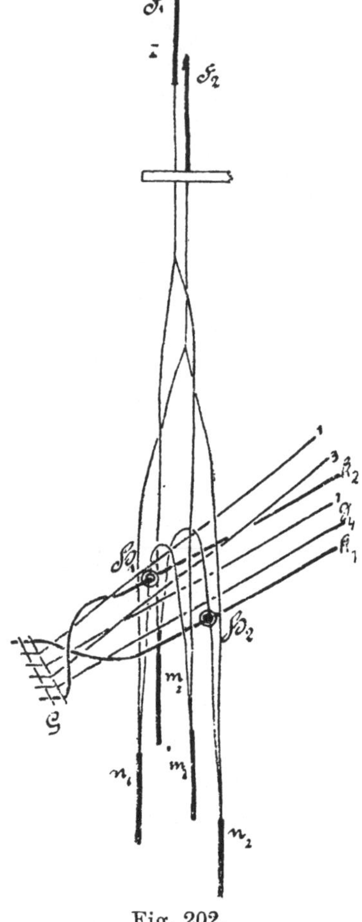

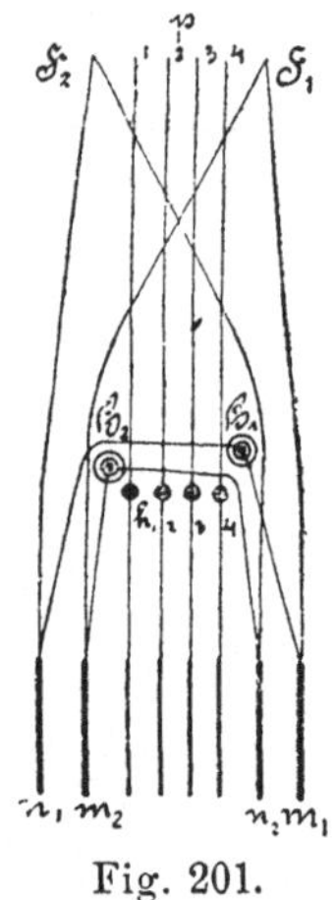

Fig. 201.

Fig. 202.

mit m_1 und m_2, F_2 mit n_1 und n_2 in Verbindung, derart, daß H_1 durch n_1 und m_1 und H_2 durch n_2 und m_2 belastet wird, welche Belastung abwechselnd einseitig erfolgt, sobald F_1 oder F_2 hebt, mithin die Dreherfäden im Unterfaden einmal rechts und links, das anderemal umgekehrt belassen. Fig. 200 und 202 zeigen den Vorgang beim Weben. Solange der Schuß die Größe der Kreuzstelle webt, werden beide Figurplatinen ausgehoben, wodurch die lockeren Figurfäden durch die Hebung der zwischenliegenden Grundfäden mit in das Oberfach gelangen und sich hiebei nicht kreuzen. Bei der Anheftung wird abwechselnd F_1 und nach einigen Schüssen F_2 gehoben, wodurch die Doppeldrehung erfolgt. Sollen die Figurfäden kein Kreuz bilden, so muß je eine von zwei zusammenarbeitenden Figurplatinen fortgesetzt heben, was in Fig. 200 veranschaulicht ist.

6. Die offene oder englische Schnurvorrichtung.

Diese Schnurvorrichtung zeigt gegen die bisher beschriebene deutsche Methode der Beschnürung insofern eine Abweichung, als die Jacquardmaschine mit der Längsseite parallel mit der Breitenrichtung des Stuhles aufgestellt wird, wobei das Prisma entweder vorn über dem Weber oder nach

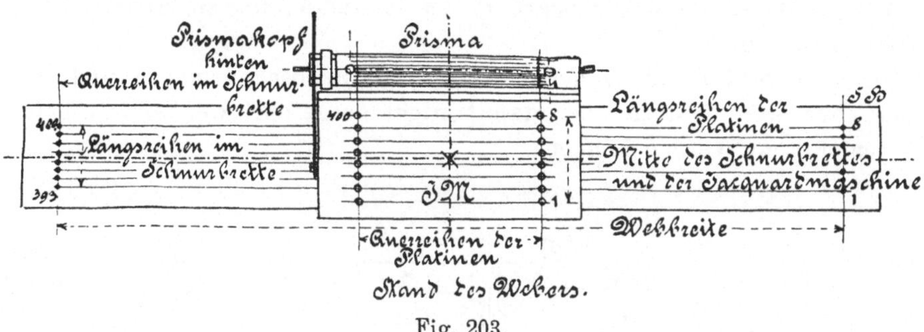

Fig. 203.

hinten zu quer liegt. Während jedoch die **Reihenfolge** der Platinen in der Maschine in **keiner** **Weise** von der üblichen abweicht, sondern gewöhnlich dieselbe ist, die Maschine nur um 90° verdreht aufgestellt wird, zeigt die Gesamtheit der Hebeschnüre, in der Richtung des Schnurbrettes betrachtet, scheinbar eine offenere Lage jeder einzelnen Schnur. In der Fig. 203 ist diese Art der Aufstellung der Jacquardmaschine mit Bezug auf das Schnurbrett im Grundrisse dargestellt. Das Prisma befindet sich hinten mit dem Prismakopfe zur linken Hand; die erste Platine ist rechts in der ersten Längsreihe der Platinen und rechts im ersten Loche (sónst letzten) der vordersten Längsreihe beschnürt, so daß die letzte Hebeschnur links hinten bezogen wird. Dadurch erscheint das Gewebebild folgerichtig verkehrt, von rechts nach links, beim Wenden des Stoffes jedoch ist das Schaubild wieder in der gewünschten Richtung von links nach rechts zu verfolgen. Diese Art der Musterbildung verlangt daher beim Weben die rechte Stoffseite nach unten liegend, was der leichteren Arbeitsweise halber manchmal empfehlenswert ist. Die Kartenkette hängt rückwärts über dem Stuhle und gibt rechtem oder linkem Maschinantrieb Raum.

Noch ist eine andere Art der Aufstellung der Jacquardmaschine mit nach vorn gerichtetem Prisma zu erwähnen, wobei der Prismakopf vorn rechter Hand und das erste Loch im Schnurbrette wieder wie üblich links hinten sich befinden. In diesem Falle hängt die Kartenkette vorn über dem Kopfe des Webers, was wiederum die Belichtung der Arbeitsstellen benachbarter Webstühle stark verringert, somit keinen Vorteil bietet.

Das Schnurbrett muß genau soviele Längslochreihen haben, als in der Maschine Platinenreihen vorhanden sind. Man findet bisweilen bei der einen oder anderen Art der Aufstellung die Reihenfolge der Platinen unrichtig gewählt, wodurch eine ausnahmsweise Umkehrung der Karten beim Kartenbinden nach einer oder beiden Richtungen notgedrungenerweise erforderlich ist und die Kartenauflage am Prisma bei verschiedenen Maschinen nicht immer genau und tadellos erzielt wird. Diese Aufstellungen der Jacquardmaschine sind aus England gekommen und finden sich noch in der mechanischen Weberei unter dem unbegründeten Vorwande, daß sie weniger Schnurreibungen haben.

Das Gegenteil dürfte der Fall sein. Spitzbeschnürungen und andere zusammengesetzte können aber damit nicht ausgeführt werden, weshalb sie nicht empfohlen werden können.

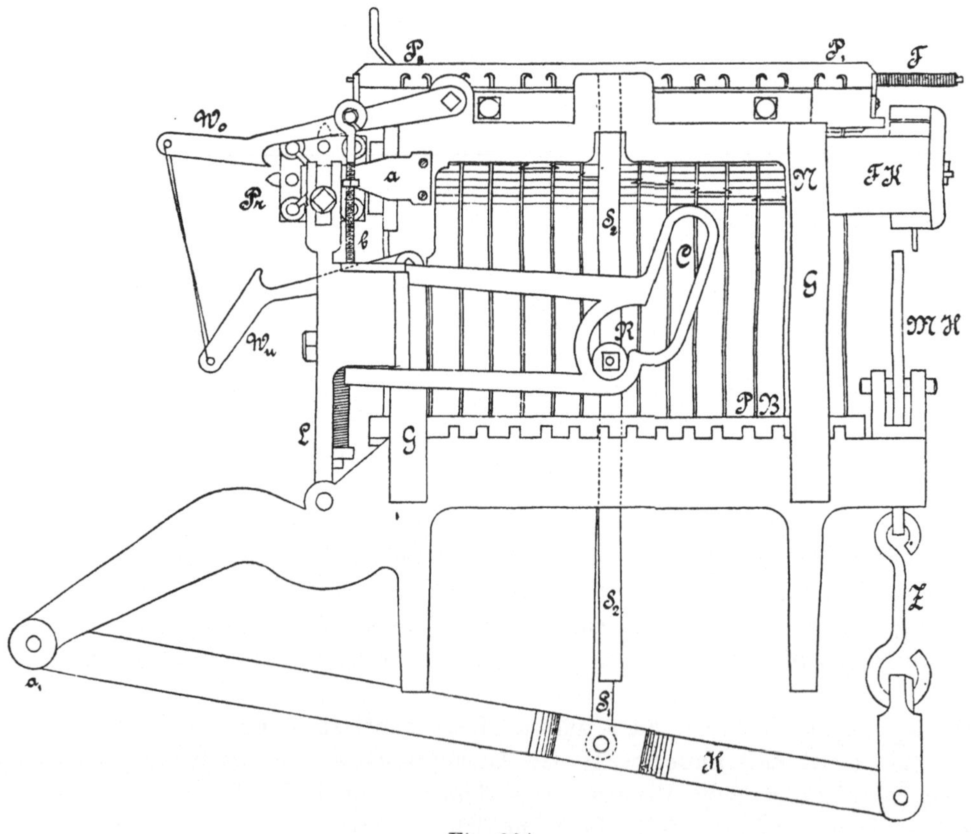

Fig. 204.

XX. Einige weitere Abarten und Verbesserungen der Jacquardmaschine.

1. Die Berliner Doppelmaschine (Tringlesmaschine).

Die in den Fig. 204 und 205 dargestellte Jacquardmaschine zeigt die Vorder- und Seitenansicht, sowie das Wesentlichste in der Konstruktion der genannten Maschine. Sie dient vorzüglich für solche Gewebe, welche zwei Schuß nacheinander enthalten, deren Bindung in der Figur und im Grund abwechselnd erfolgt. Der erste Schuß hebt Figur, der zweite Grund, so wie es in gewissen Doppelgeweben beziehungsweise Hohlgeweben der Fall ist. Die Bindung bringen Schäfte hinein. Es müssen (vgl. Jacquardschaftmaschine S. 100) für gewöhnlich auch hier zwei Karten für eine Schußlinie und ebenso viele Schaftkarten vorhanden sein als Figurkarten. Um die Hälfte der Karten zu sparen, umfaßt jede Nadel zwei mit den Nasen entgegengestellte Draht-platinen, die abwechselnd durch umlegbare Messer in Tätigkeit kommen.

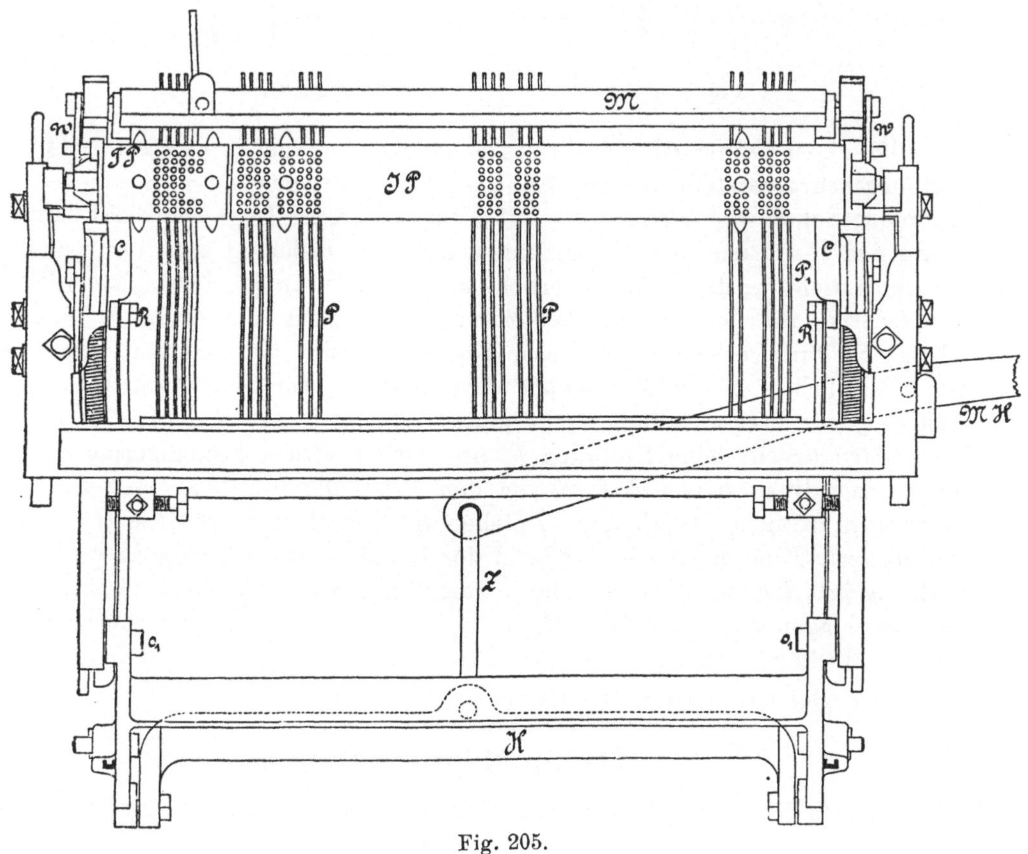

Fig. 205.

Jacquard- und Schaftmaschine sind zusammengebaut, ganz aus Eisen, mit stehender Prismalade L ausgeführt, so zwar, daß der Raum über der Maschine frei und zugänglich wird. Der Maschinhebel MH bewegt mittels Zugstange Z und Hebel H die Hubstangen S_1, die bei der Preßrolle R mit einer Führungsstange S_2 in Verbindung mit dem Messerkasten M stehen und durch die Rolle R die Kulisse C der Prismalade L und das Prisma bewegen. Das Prisma Pr, Fig. 205, ist zweiteilig; TP ist das Prisma für die Schaftplatinen, JP jenes für die Jacquardplatinen. Jedes kann für sich gewendet werden. Das Jacquardprisma wird, nachdem dieselbe Karte für den zweiten Schuß, jedoch für entgegengesetzte Aushebung dient, erst nach dem zweiten Schuß wenden, während das Schaftprisma für jeden Schuß wendet, mithin Bindung in die Figur bringt. Die Messer m des Messerkastens b in Fig. 206 beziehungsweise 207 liegen

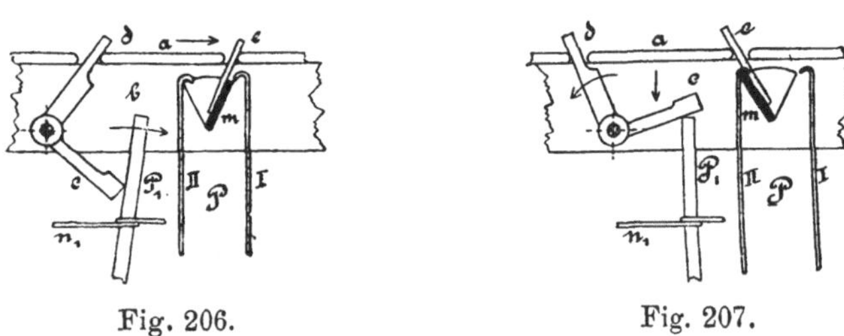

Fig. 206.
Fig. 207.

in keilförmigen Öffnungen des Teiles b und können von links nach rechts und umgekehrt verstellt werden. Für gewöhnlich nehmen sie z. B. für den ungeraden Schuß die Stellung Fig. 206 ein, in welche Lage sie durch die Finger e in den Ausnehmungen des nach der durch Federzug nach rechts angestrebten Richtung des Teiles a gebracht werden. Die stumpfe Drahtplatine P_1 sitzt federnd auf dem Platinenboden und kann durch die Nadel n_1 eine schräge Stellung erhalten. In dieser Stellung streift das verstärkte Ende des Winkelhebels cd an dem Kopfe der Platine P_1 vorüber, wodurch eine Änderung der Messerstellung nicht eintritt. Bleibt jedoch P_1, Fig. 207, in Ruhe, dann drückt beim Einfallen P_1 an c und d wird a beziehungsweise e und m nach links ziehen, d. h. m von den Nasen der Platinen I weg unter jene von II bringen. Die Platinen I stehen von den Messern ab, jene II über den Messern. Eine ungelochte Stelle in der Karte rückt von rechts kommend nach Fig. 206, I, e i n; dieselbe Stelle in derselben Karte rückt beim nochmaligen Anschlagen nach Fig. 207, II, a u s, bringt also gerade die entgegengesetzte Wirkung hervor.

Dem gleichen Zwecke dient auch

2. die Wiener Doppelmaschine

mit hölzernen Platinen, Fig. 208, bei welcher eine Nadel zwei mit den Rücken zusammenstoßende Platinen p_{1-2} von einer Nadel n bewegt werden und daher bei verschiedener Lage der Messer m_{1-2} umgekehrte Wirkung für den Grund eintritt.

Auch hier wird, wie bei der Schalmaschine Fig. 184, die Verschiebung des Rahmenteiles r durch eine gegabelte Reserveplatine, Fig. 170, der angebauten Schaftmaschine erfolgen. Wir nehmen z. B. die Erzeugung eines geschnittenen und ungeschnittenen Samtes an, für den die Auseinandersetzung, Fig. 209, vorbildlich sein soll. Der erste Schuß gilt für die Schneidnadel; gehoben wird nur die Figur, die sich über die Schneidnadel legt. Der zweite Schuß gilt für die Zugnadel; gehoben wird mit derselben Karte nur der Grund durch Umlegen der Jacquard-Messer.

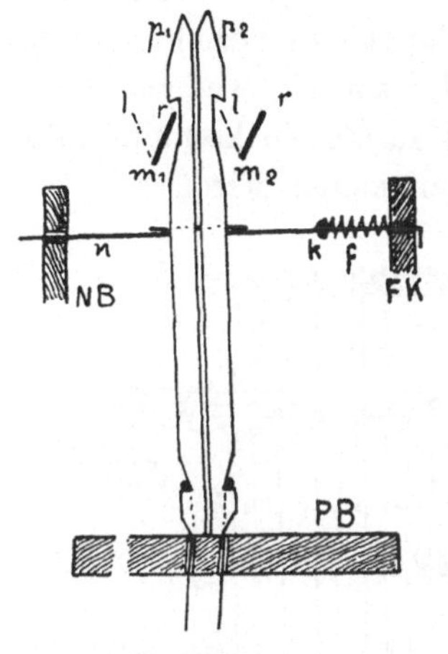

Fig. 208.

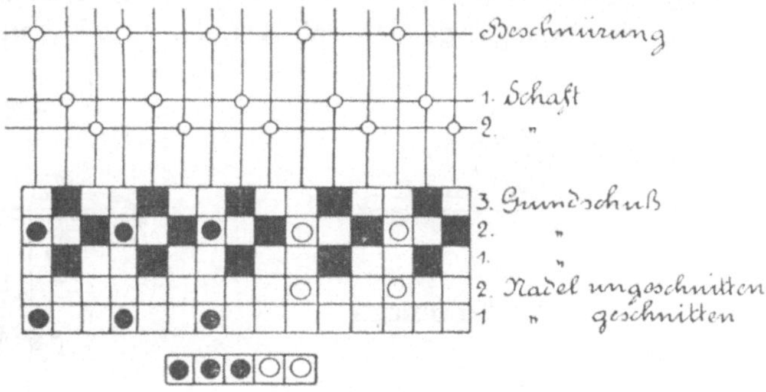

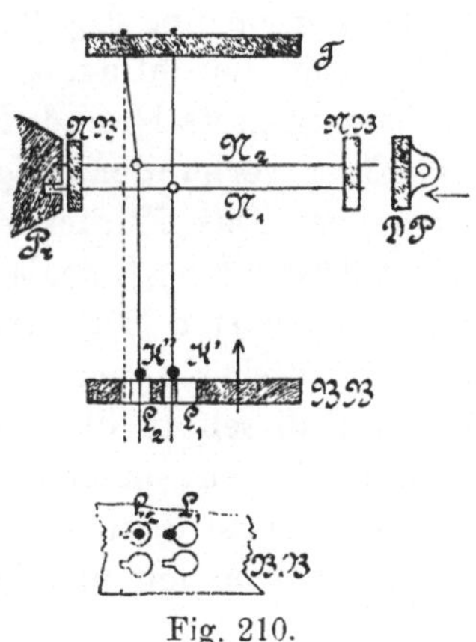

Fig. 209.

Der dritte Schuß gilt für den ersten Grundschuß; gehoben wird von der Schaftmaschine der eine Teil der Grundkette. Die Jacquardmaschine drückt mit eingebundener voller Karte alle Platinen ab. Der vierte Schuß gilt für die Einbindung aller Polkettenfäden und für den anderen Teil der Grundkette. Es heben beide Maschinen. Der fünfte Schuß dient zur Befestigung der Polschlingen mit dem ersten Schafte allein, damit sich die Schneidnadeln gut aufsetzen.

3. Die englische Schnurmaschine.

Die ursprüngliche Jacquardmaschine hat sich bis in die neueste Zeit wesentlich nur wenig verändert. Das Prinzip (Anordnung der Platinen hinter- und nebeneinander) mit dem Prisma ist das gleiche geblieben. Eine scheinbar auffallende Veränderung in der Konstruktion bringt die sogenannte Schnurmaschine. Sie ist englischen Ursprungs und schuf einen Vorteil darin, daß an

Fig. 210.

Stelle der Platinen Schnüre treten. Der Messerkasten fällt infolgedessen zwar weg, doch tritt an dessen Stelle das hochgehende Bodenbrett. Jede Nadel, Fig. 210, umfaßt eine Schnur, welche mittels eines Knotens im oberen **Tragbrette** T der Maschine aufgehängt ist, und weil diese Schnur als Platine zu betrachten ist, so geht sie durch ein Loch des Platinenbodens BB, der hier **Schnurbodenbrett** genannt wird. Jedes Loch hat einen Schlitz angefügt; unmittelbar über demselben besitzt die Schnur einen Knoten K'; nun ist ferner der Schnurboden nach Art des Messerkastens beweglich, so daß beim Heben desselben die Knoten der Schnüre mit nach aufwärts bewegt werden, sofern sie über den Schlitzen stehen. Eine gewöhnliche Pappkarte beziehungsweise eine ungelochte Stelle drückt, wie früher, die Nadel zurück, was zur Folge hat, daß der Knoten über die kreisförmige Öffnung zu stehen kommt, mithin beim Aufwärtsgange des Schnurbodens nicht mitgenommen wird.

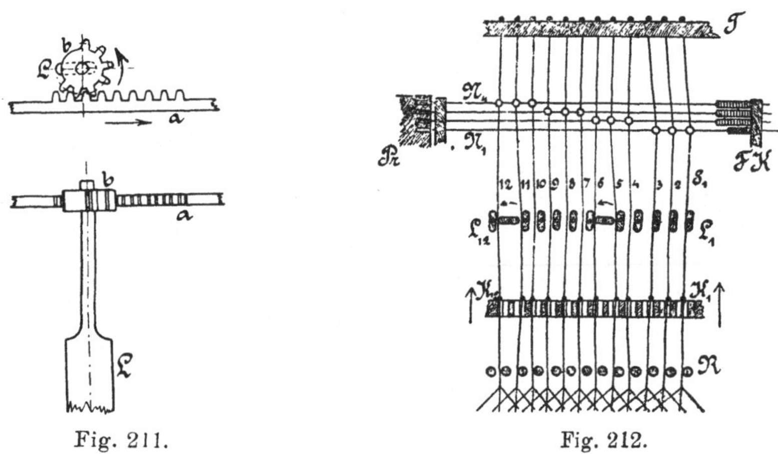

Fig. 211.   Fig. 212.

Eine weitere Anwendung dieses Gedankens gestattet die **Pahl-** und **Dewathmaschine**, Fig. 211 und 212. Sie dient für mehrfädige Aushebung. Jede Nadel umschlingt z. B. drei Schnüre, Fig. 212, zwischen denen Lineale L hochkantig gestellt sind. Mit der Achse dieser Lineale sind kleine Segmentzahnräder verbunden, Fig. 211, welche in Zahnstangen separater Nadeln eingreifen. Das Zurückdrücken einer solchen Nadel a hat eine Bewegung des betreffenden Lineals 12 und 6 um 90° zur Folge; hiedurch werden die benachbarten Schnurreihen zur Seite gedrückt, und wenn man annimmt, daß die drei Knoten einer Nadel über den Löchern stehen, so wird jetzt eine von diesen in die ursprüngliche Lage über den Schlitz zurückgedrückt, mithin gehoben; stehen hingegen die Knoten über den Schlitzen, so kann, falls ein Lineal dazwischen bewegt wird, eine Reihe Knoten über die Löcher zu stehen kommen und in Ruhe, d. h. im Unterfache bleiben.

Eine weitere Anwendung der Schnurmaschine findet sich in der mechanischen Jacquardweberei zur Erzeugung der fünfkettigen Brüsseler Teppiche. Eine derartige Maschine, Fig. 213, hat z. B. 1000 Nadeln; in Wirklichkeit kann sie aber, sobald die Schnurvorrichtung in Korps beschnürt ist, mit 1200 Platinen arbeiten. Eine solche Maschine besitzt sechskantiges Prisma. Nehmen wir an, ein Korps hat 256 Platinen, so brauchen wir in der Schlagpatrone beziehungsweise Musterzeichnung nur $4 \times 256 = 1024$ Platinen für fünf Korps:

Das kommt so: die 1. und 5. Nadelreihe gibt das I. Korps, 1280 Helfen oder Fäden für einen Rapport.

die 1. und 5. Nadelreihe gibt das	I. Korps,		1280
„ 2. „ 6. „ „ „	II. „		Helfen
„ 3. „ 7. „ „ „	III. „		oder Fäden
„ 4. „ 8. „ „ „	IV. „		für einen
„ 1. bis 8. „ „ „	V. „		Rapport.

Wenn irgendeine Nadel gedrückt wird, kommt der Knoten über den Schlitz, während gleichzeitig die Knoten des V. Korps 9 10 vom Schlitz weg über das Loch gedrückt werden. Hebt nun das **Schnurbodenbrett** aus, so wird der erstere Knoten gehoben, der letztere des V. Korps gesenkt bleiben. Die Nadeln haben für das V. Korps längliche Ösen, durch welche insgesamt je eine Schnur 9, 10 des V. Korps durchgeht, damit, wenn auch nur eine Nadel der ersten vier Korps gedrückt wird, das V. Korps in Ruhe bleibt, indem sich die Schnüre, z. B. 10, in die gestrichelte Lage stellen und den Knoten über das verkehrt gerichtete Loch bringt. Wenn **aber** sämtliche Nadeln in Ruhe bleiben,

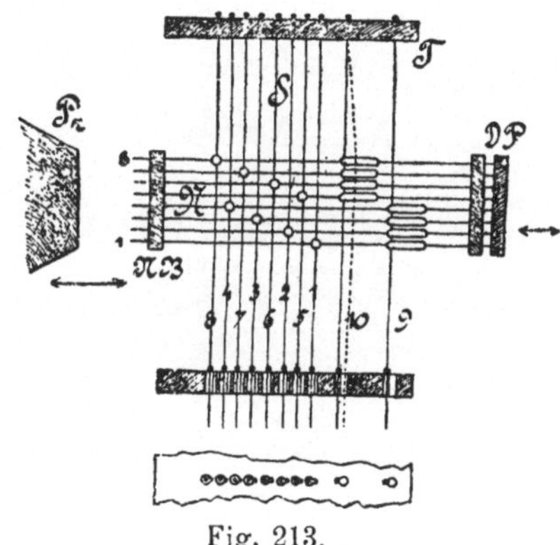
Fig. 213.

d. h. wenn die Karte für alle vier Korps gelocht ist, dann kommt das V. Korps in Tätigkeit, weil der Knoten über seinem Schlitze verbleibt. In der Karte wird immer nur eine Farbe für die ersten vier Korps geschlagen, jedoch nach oben Gesagtem alle vier Farben der vier ersten Korps, wenn die fünfte Farbe beziehungsweise das V. Korps heben soll.

4. Die Verdol-Jacquardmaschine.

Die Versuche, billigeres Kartenmaterial zu verwenden, haben zu der Konstruktion der sogenannten Verdolmaschine geführt. Einesteils wird hier durch die Einführung der schon im Anfange erwähnten feinsten Teilung der Nadeln die Größe der Karte überhaupt verkleinert, andernteils durch die Verwendung eines dünnen Papiers und das dadurch bedingte billigere Material der Kostenpreis der Karten bedeutend geringer. Nach der Fig. 214a und Fig. 214 b besteht diese Maschine aus der eigentlichen Jacquardmaschine mit den Platinen P_{1-8}, den Hauptnadeln N, dem Platinboden B und einer auf die im gewöhnlichen Nadelbrette b_2 geführten Nadeln N wirkenden und horizontal gestellten kleinen Hilfsjacquardmaschine. Letztere ist demnach als die zu

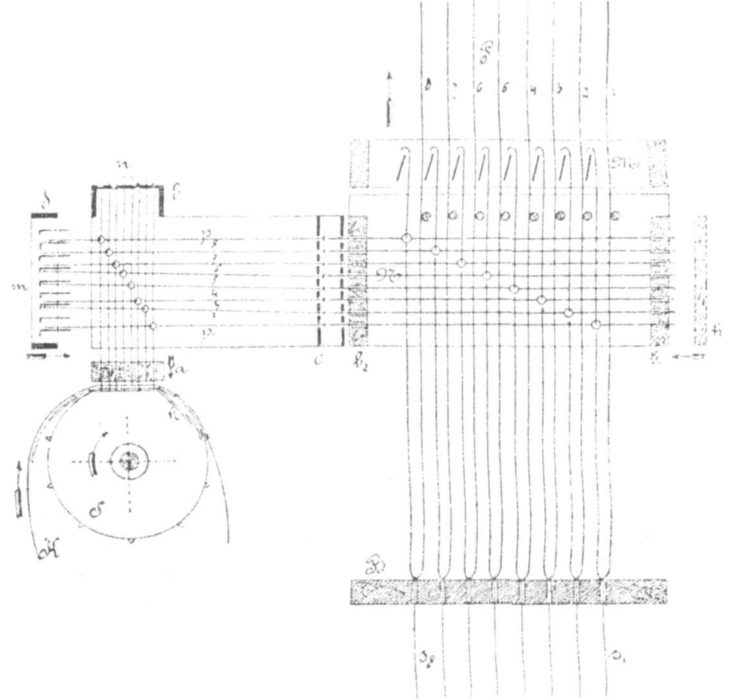

Fig. 214 a.

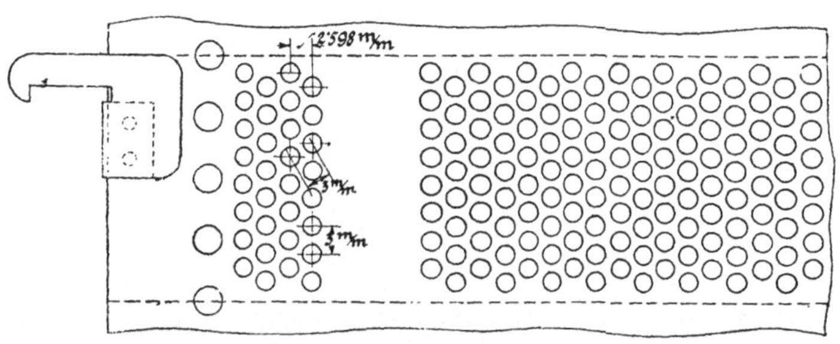

Fig. 214 b (Naturgröße).

betrachtende Neuerung aufzufassen. Die Hilfsnadeln n hängen vertikal im Brette b und führen sich im versetzt fein geteilten Nadelbrette a und stehen mit den Enden einer ebenso geteilten Lochplatte k (Ersatz eines Prismas) gegenüber. Die Platinen p_{1-8} liegen in der Platte c und passen mit den Plattfüßen genau auf die Spitzen der Nadeln N. Das linke oder Kopfende der Platinen p liegt auf dem Roste der Preßplatte d, deren Messer n linkskantig umgebogen sind. Die Wirkungsweise ist nun folgende: Das endlose Kartenband K wird während der Senkung der Zufuhrscheibe S mit den Warzen erfaßt und zwischen k und a vorgeschoben. Das Nadelbrett a, welches sich ebenso nach abwärts bewegt, verdeckt die hervorstehenden Nadelspitzen, um ein Zerreißen des Kartenpapiers wie beim federnden Nadelbrette zu vermeiden. Hierauf folgt das Andrücken der Karte und Zurückdrängen der Nadeln n durch ungelochte Stellen; hiebei heben sich die zugehörigen Platinen p, z. B. p_2, p_4 und p_5, und stellen sich dieselben mit den linken Enden vor die Umbörtelung der Messer m. Nach dieser Einstellung bewegt sich m nach rechts, so daß die eingestellten Platinen die Hauptnadeln zurückdrücken und die liegen gelassenen Platinen p unbeeinflußt bleiben. Der Druck der Platinen p wirkt daher auf die Hauptmaschine und deren Platinen P_{1-8} genau so wie eine gewöhnliche Pappkarte. Der Messerkasten M hebt und bildet das Webfach. Die Platinen P sind selbstfedernd; die Nadeln N haben keine besonderen Spiralfederchen, sondern werden beim Einfallen von der Druckplatte h in die Angriffsstellung zurückgebracht.

Nachdem die Karten aus fortlaufendem Papier bestehen, entfällt für dieses System das Kartenbinden.

5. Jacquardmaschinen mit zwei Prismen.

Diese Maschinen kann man auch mit dem Namen **Zweiprismamaschinen** bezeichnen. Das Prinzip derselben ist die Anwendung zweier Kartenketten für Querborte und Mitte, so zwar, daß die Auswechslung der beiden Kartenketten vom Standorte des Webers von Hand aus vor sich gehen kann oder auch, wie bei anderen Jacquardmaschinen automatisch, erfolgen.

Eine der ersten derartigen Maschinen war jene, bei welcher die Prismalade doppelt so lang ausgeführt ist, mit zwei übereinander gelagerten Prismen und Kartenketten. Das abwechselnde Einstellen des erforderlichen Prismas erfolgt durch gleichzeitiges Heben beider Prismen beziehungsweise Senken derselben in Führungen der Lade. Diese Konstruktion hat aber den Nachteil, daß während der Bewegung beide Prismen in Schwingung kommen und daher durch die Überlastung, insbesondere bei Tätigkeit des oberen Prismas und des vom Schwingungspunkte entfernten unteren Prismas, eine zu große Erschütterung der Lade und der ganzen Maschine die Folge ist.

Diesem Übelstande hat Hermann Frenzel in Frankenberg (Sachsen) versucht abzuhelfen, indem er die Lagerung beider Prismen in einer Lade übereinander beibehält, jedoch eine zweite Nadelpartie hinzufügt und die Ein- und Ausrückung in sinnreicher Weise vor sich gehen läßt.

Besser ist die in Fig. 215 ersichtliche Jacquardmaschine von Moritz Fröbel in Chemnitz. Bei derselben ist nur eine Prismalade vorhanden, in

134

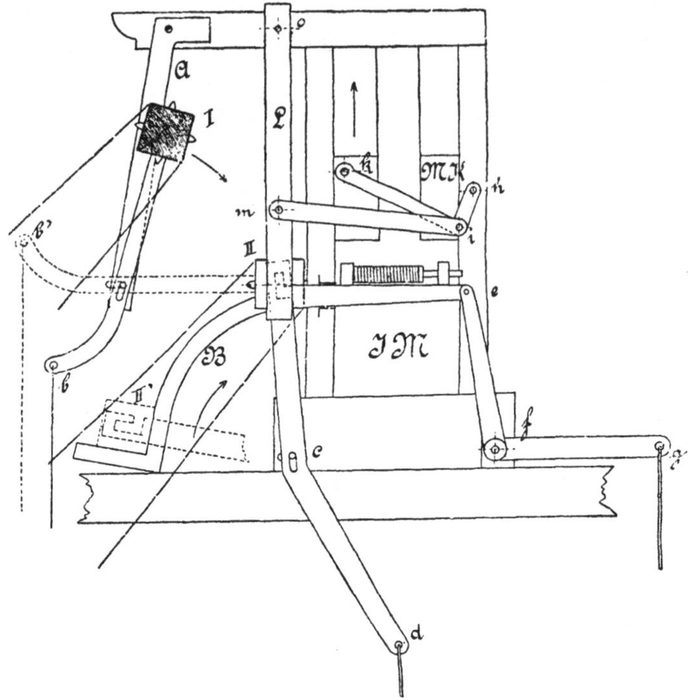

Fig. 215.

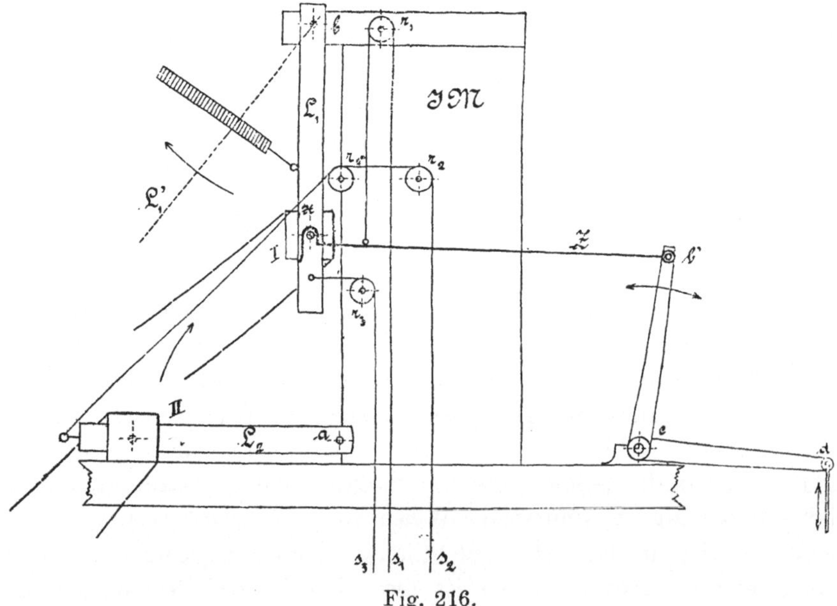

Fig. 216.

welche die Prismen *I* und *II* abwechselnd durch Zugvorrichtungen *b* und *cd*, mit *efg* eingelegt werden können und so die Arbeitsweise der Jacquardmaschine nicht verändert wird.

Eine weitere derartige Maschine, insbesondere für die mechanische Weberei, zeigt Fig. 216. Dieselbe besitzt zwei auswechselbare Prismaladen mit Prismen *I* und *II*. Der Antrieb der Lade erfolgt durch- *Z*, *bcd* von einer Kurbel aus, indem *Z* am Ende hakenförmig umgebogen ist und an dieser Stelle in einem Zapfen der Lade eingehängt ist. Zieht man an der Schnur s_1, so klinken die Haken *x* aus, und die Lade L_1 wird durch eine Spiralfeder in die strichlierte Lage L'_1 gebracht. Wird hierauf an der Schnur s_2 gezogen, so fällt die Lade L_2 ein und klinkt beim Nachlassen von s_1 in *Z* ein und die Verbindung ist hergestellt. Im anderen Falle wird s_1 gezogen und s_2 nachgelassen; L_2 kommt in die Ruhelage, während durch Ziehen von s_3 und Nachlassen von s_1 L_1 wieder in Tätigkeit kommt. Man verwendet also einmal eine Hängelade, das anderemal eine Stehlade.

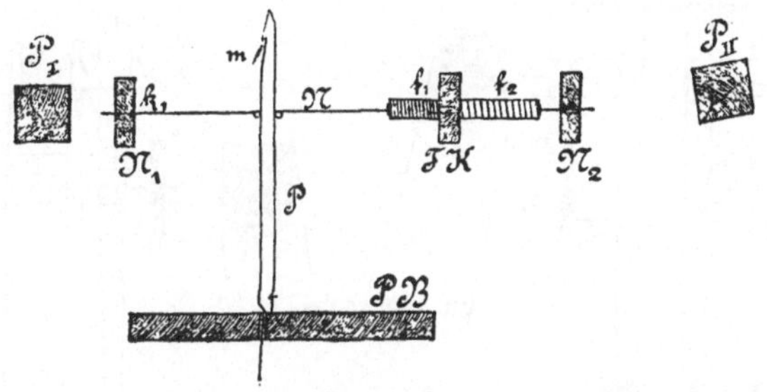

Fig. 217.

Beck & Ko. wenden bei ihrer Zweiprismamaschine eine linke und rechte Prismalade an. Die Konstruktion der Nadel ist daher wesentlich anders, indem das linke Prisma *PI* und das rechte *PII* abwechselnd durch dieselbe Nadel auf die gewöhnliche Platine einzuwirken haben. In Fig. 217 ist das Prinzip schematisch dargestellt. Die Platine *P* steht, falls das linke Prisma arbeitet, wie gewöhnlich über dem Messer *m* und wird durch die Nadel *N* bewegt, welche in N_1 links und in einem zweiten Nadelbrett N_2 rechts ruht und bei k_1, sowie links und rechts der Federn f_1 und f_2 Verdickungen erhält, und außerdem mit dem abgeflachten Teile im **Federkastenbrette** *FK* geführt wird, beziehungsweise durch letzteres eingestellt werden kann. In der gezeichneten Stellung hat *FK* die Feder f_1 gespannt, welche die Nadel gegen N_1 schiebt beziehungsweise aus N_1 herausdrückt. Das arbeitende Prisma *PI* kann somit die Nadeln auf gewöhnliche Art bewegen. Bringt man jedoch *FK* in eine zweite Stellung nach rechts, so daß die Feder f_2 gespannt wird, so legt sich die Verdickung rechts an N_2 und die Nadeln treten bei N_2 heraus, d. h. in Arbeitsstellung für das Prisma *PII*, das die Platinen entgegengesetzt dem früheren, also über die Messer drückt.

Diese Maschinen können auch für lancierte Stoffe Verwendung finden, in welchem Falle dann das eine Prisma, z. B. die Grundkarten, das andere Prisma die Figurkarten erhalten und abwechselnd anschlagen, wodurch eine Kartenersparnis eintritt. Für die mechanische Weberei können die geraden Karten auf dem einen Prisma untergebracht werden, die ungeraden auf dem anderen; die Tourenzahl kann daher erhöht werden.

Bei der in der Fig. 218 in der Hauptsache dargestellten Jacquardmaschine werden zwei Nadelpartien angewendet, welche auf Doppelplatinen abwechselnd durch ein linksseitiges und rechtsseitiges Prisma derart einwirken, daß die verstellbaren Messer des Messerkastens die Platinen nach Erfordernis der einen oder anderen Kartenkette für Borte und Mitte ausheben. Die Platinenschenkel vermeiden durch ihre Selbstfederung die Anwendung der Spiralfedern, wie dies bei vielen Maschinen mit Drahtplatinen vorkommt.

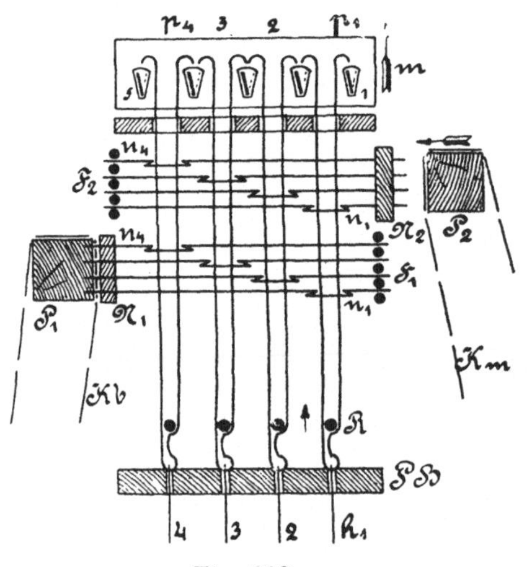

Fig. 218.

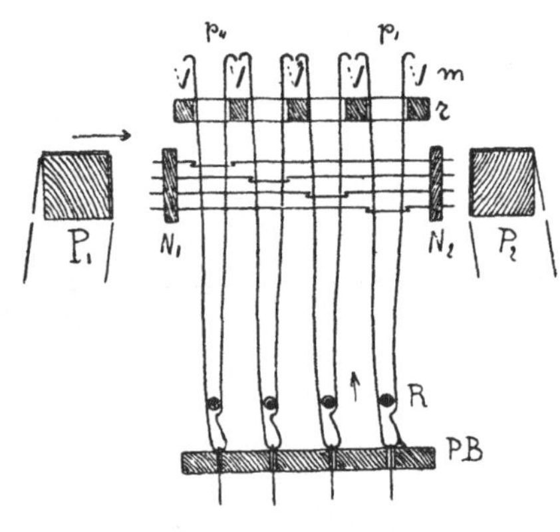

Fig. 219.

Die Verstellung der Messer erfolgt in der gleichen Weise wie bei der Doppelmaschine beschrieben wurde.

Eine Vereinfachung zeigt Fig. 219, bei welcher Maschine nur eine Nadelpartie vorhanden ist.

Nach dem gleichen Prinzipe werden auch die Verdolmaschinen für zwei Prismen, das eine links und das andere rechts, gebaut.

6. Jacquardmaschinen mit Kartensparvorrichtungen.

Diese Maschinen arbeiten mit Hilfe von besonderen Teilen, die als Beigabe hinzukommen, so daß mehrere Karten wiederholt werden können, um im allgemeinen Karten zu sparen.

Man unterscheidet:

a) Vorrichtungen, welche mehrere Karten wiederholt am Prisma einstellen.

Zu diesen gehört die bereits bei der Schalmaschine besprochene Lyoner Repetiervorrichtung und die in ähnlichen Fällen angewendete und in Fig. 220 und 221 ersichtliche Wiener Vorrichtung. Nimmt man z. B. an, daß die zur einzelnen Verbindung erforderlichen Schäfte durch Tritte bewegt werden, so sind nach der früheren Beschreibung vier Tritte für die Figurschüsse in vierbindigem Schußköper, vier Tritte für die Grundschüsse in vierbindigem Doppelköper und ein Tritt zum Zurücklaufenlassen der Karten notwendig.

Bei dem Durchweben der sechs Lancierschüsse, welche alle in ein Fach eines der vier Schafttritte fallen, wird durch Ziehen der Schnur s_1 die Gabel i ge-

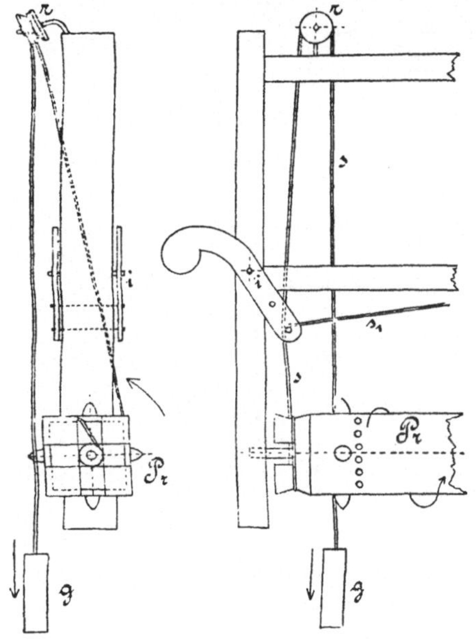

Fig. 220.

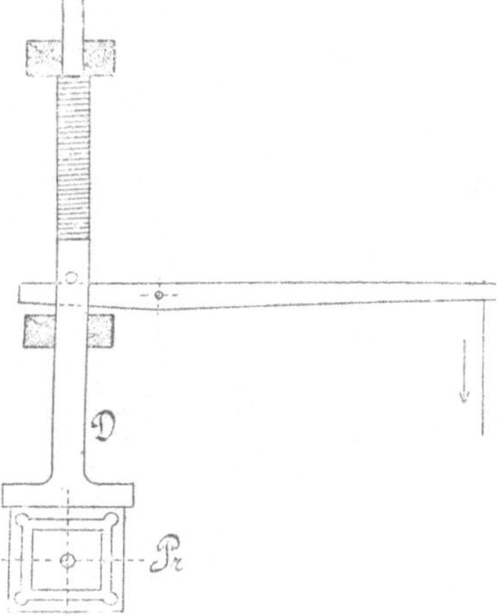

Fig. 221.

hoben und die Schnur s in einen der vier Einschnitte des Prismas Pr geschoben und auf das eingekerbte oder abgerundete Prismaende bei der üblichen Drehung des Prismas gewickelt. Das eine Ende der Schnur s wird lose mit Hilfe eines Ringes auf den Zapfen des Prismas befestigt, das andere Ende wird durch das Gewicht g beschwert. Sollen die durchgewebten Lancierschußkarten zur Wiederholung zurücklaufen, so wird durch Auftreten eines besonderen Trittes der Drücker D gehoben und die Wendehaken in eine Mittelstellung gebracht, so daß durch das Gewicht g und Schnur s ein Zurücklaufen des Kartenprismas beziehungsweise der Karten eintritt. Während die sechs Karten das zweitemal durchgewebt werden, bleibt die Schnur s_1 schlaff, d. h. s wickelt sich nicht auf, um erst bei den nächsten Figurschüssen für die nächste Schußlinie wieder aufgewunden zu werden.

b) Vorrichtungen, welche Taffetkarten sparen.

Kommen in Leinwandgrund einzelne versetzte und abstehende Figuren oder in größeren Abständen gemusterte Querstreifen vor, so kann man, um

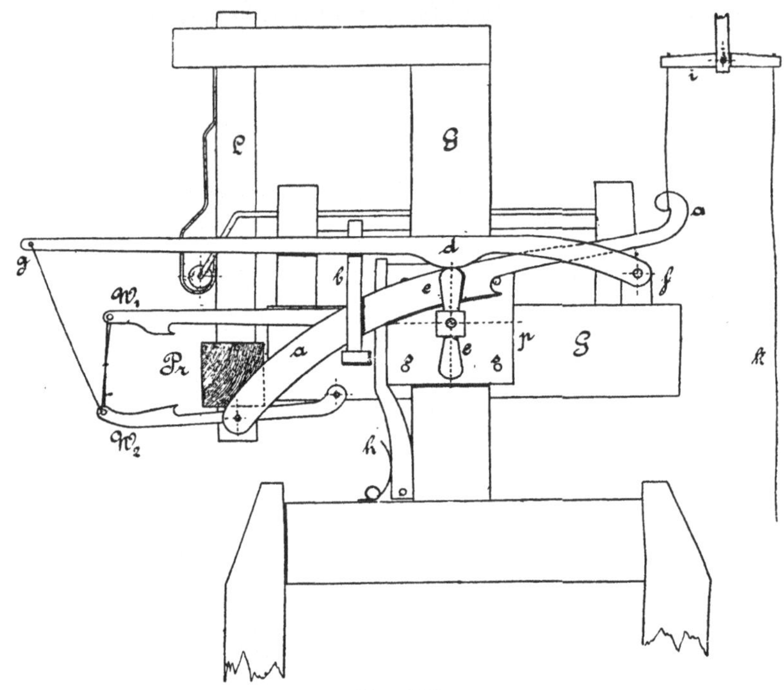

Fig. 222.

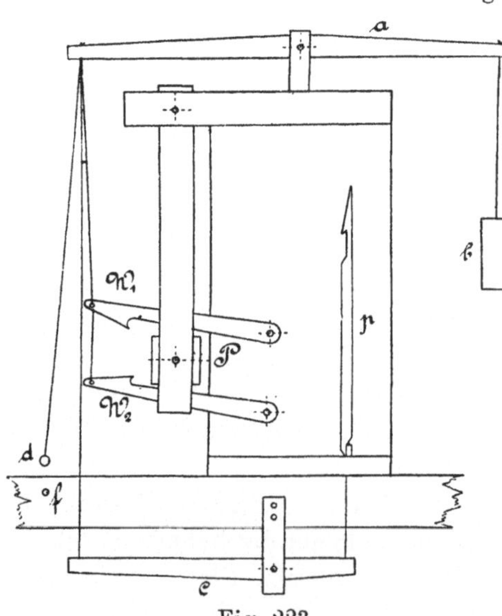

Fig. 223.

die vielen Grundkarten zu sparen, eine Repetiervorrichtung anwenden, welche in Fig. 222 ersichtlich ist.

Der untere Wendehaken ist mit einem Hebel gf verbunden, der bei d eine Verstärkung trägt, welche sich auf Daumen c einer Stiftenplatte p stützt. Dieser Vierkant wird durch die Stifte s von einem Stoßhebel a beim Einwärtsgang der Lade stets um eine Vierteldrehung gewendet, wodurch abwechselnd der Hebel d beziehungsweise der untere Wende-haken gehoben und gesenkt wird, d. h. das Prisma einmal vor, einmal zurück gewendet wird. Soll diese Vorrichtung, welche an jeder Maschine angebracht werden kann, nicht arbeiten, so hebt man mittels der Schnur k und ii auch mit Reserveplatinen den Stoßhebel a aus.

In Fig. 223 wird der untere Wendehaken W_2 mittels des Hebels a und Gewicht b immer an den Vierkant P gedrückt, so daß das Prisma zurückwendet. Der obere Wendehaken kann von der Reserveplatine p durch den Hebel c zum Arbeiten gebracht werden. Ist nun in der Karte für p Leinwandbindung geschlagen, so wird das Prisma einmal vor und einmal zurück gewendet. Soll dies während der Figur nicht stattfinden, so läßt man p in Ruhe und hängt den Ring d an den Stift f. Das Aushängen von d erfolgt beim Hochgange von p selbsttätig, indem d einfach abgleitet.

c) Vorrichtungen, bei welchen durch eine einfach geschlagene Karte zwei verschiedene Bindungen erzielt werden.

Diese Erfindung des Ernst de Haas in Crefeld bezweckt, durch ein zweites Anschlagen derselben Karte eine für die geraden Schüsse von den ungeraden Schüssen gegensätzliche Bindung im Gewebe zu erzielen, und zwar auf Grund einer mit der doppelten Zahl Platinen neuartigen angewandten **Nadelverschnürung**.

Diese Kartenersparnis bringt besonders bei der Erzeugung der Doppelgewebe Vorteil. Fig. 224 zeigt z. B. die Bindung des Oberschusses und Fig. 225 auch die des Unterschusses. Man wird daher zur Herstellung der gezeichneten Bindung mit Zuhilfenahme einer Doppelhubmaschine, Fig. 226, eine Nadelschnürung anzuwenden haben, welche in derselben Figur dargestellt ist. Die Platinen $p_{1'-4'}$ arbeiten für die ungeraden Schüsse, die Platinen p_{1-4}

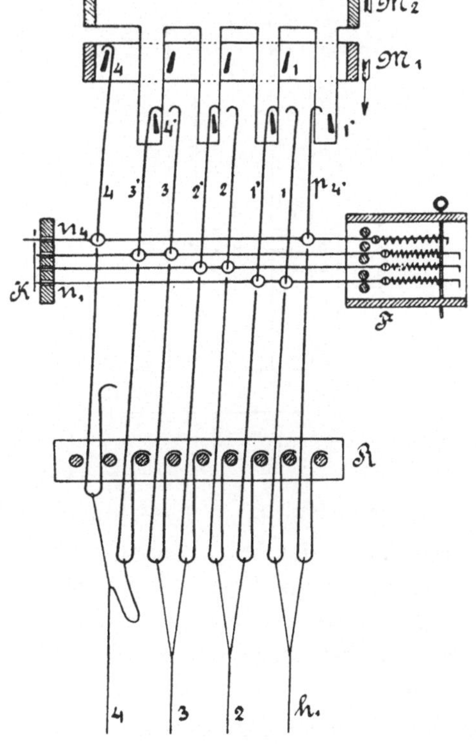

Fig. 226.

Fig. 224.

Fig. 225.

für die geraden Schüsse. Die Nasen der Platinen sind den verkehrt gestellten Messern der Messerkästen M_1 und M_2 entsprechend zugewendet. Die Verbindung der Nadeln n_{1-4} mit den Platinen p_{4-1} und $p_{4'-1'}$ ist nach der Fortschreitung der Bindung in der Patrone gewählt. Die Karte ist nach der ersten Schußlinie, Fig. 224, geschlagen und zeigt Fig. 226 die danach ausgehobene Platine $p_{4'}$ des Messerkastens M_1 für den ersten Schuß. Für den folgenden Schuß bleibt dieselbe Karte angedrückt und kommt der Messerkasten M_2 gerade zur Wirkung, welcher die Platinen p_{1-3} entsprechend der zweiten Schußlinie, Fig. 225, aushebt.

Eine andere Bindung verlangt eine veränderte Nadelschnürung oder auch eine Verstellung der Platinennasen usw.

7. Jacquardmaschinen mit veränderter Ladenbewegung.

Die meisten Jacquardmaschinen, soweit dieselben der Handweberei angehören, bewegen das Prisma mit Preßrolle und Kulisse und bringen dasselbe durch den Messerkasten in schwingende Bewegung. Diese Bewegung kann aber auch, wie bereits in Fig. 215 zu sehen, durch Zugstangen er-

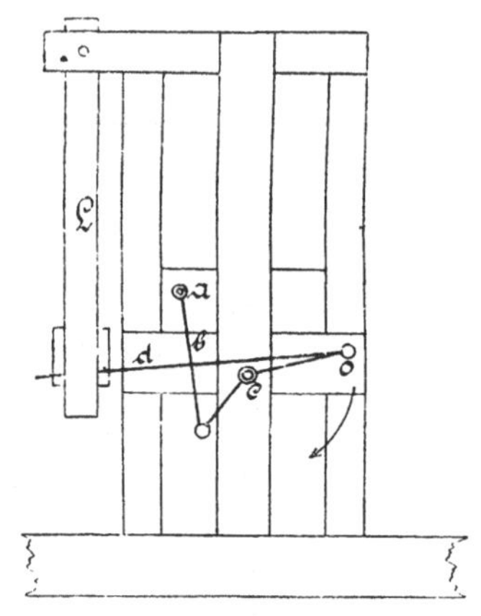

Fig. 227.

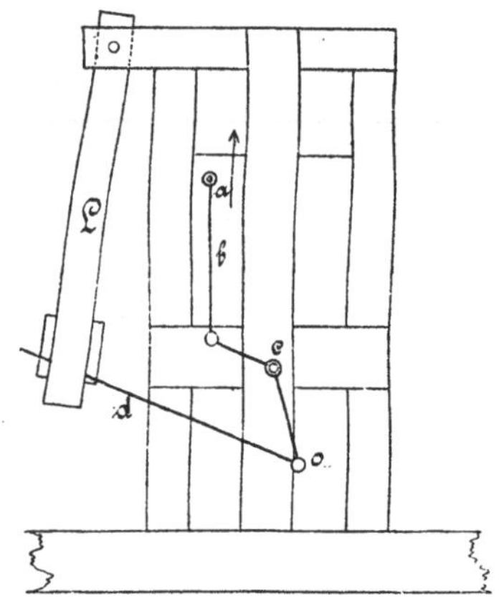

Fig. 228.

folgen. Eine ähnliche Vorrichtung ist in Fig. 227 und 228 zu ersehen. Der Messerkasten ist bei a durch eine Zugstange b mit einem Winkelhebel c in Verbindung und dieser durch die Stange d mit der Lade L. Fig. 227 zeigt die geschlossene Stellung, in der der Punkt o die tote Lage des Winkelhebels überschreitet und so die Prismalade fest und sicher anpreßt. Fig. 228 gibt die äußere Stelle bei gehobenem Messerkasten an.

Bei anderen Maschinen macht das Prisma eine horizontale Bewegung, hervorgerufen mittels Kulisse und Rolle. Das Prisma ist hiebei fünfseitig.

Jacquardmaschinen für die mechanische Weberei gleichen im allgemeinen denen der Handweberei, doch erhält das Prisma zumeist einen separaten Antrieb von der Kurbelwelle des Webstuhles.

8. Jacquardmaschinen für Hoch- und Tieffach beziehungsweise Schrägfach.

Auch diese gleichen in der Hauptsache gewöhnlichen Maschinen, doch macht der Platinboden eine Abwärtsbewegung. Derartige Maschinen für Handweberei leiten diese Bewegung vom Maschinenhebel wie bei den Auf- und Niederzugschaftmaschinen*) ab. In der mechanischen Weberei wendet man im allgemeinen separaten Antrieb für Messer und Platinboden an und leitet ihn von einer unter 180° gestellten Gegenkurbel der Hauptwelle ab. Hiebei hat das Tieffach ein Drittel, das Hochfach zwei Drittel Fachhöhe.

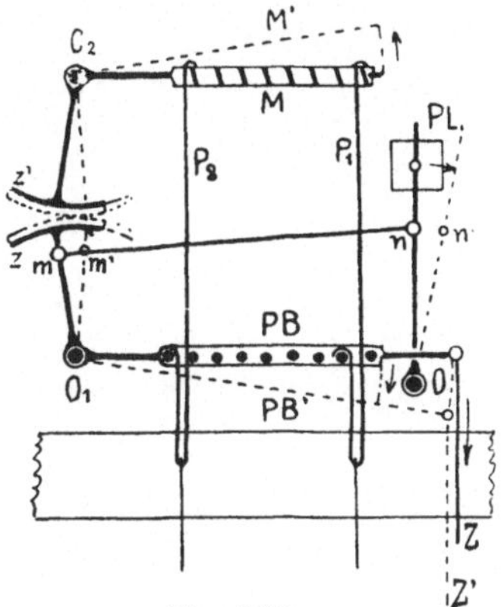

Jacquardmaschinen für Schrägfach sind entweder so eingerichtet, daß die Messer nacheinander eingreifen oder ebenso wie der Platinboden sich schräg stellen.

Fig. 229.

Ein Beispiel hiefür zeigt Fig. 229. Platinenboden PB und Messerkasten M stehen in zwangläufiger Verbindung durch Zahnsegmenthebel z und z'. O_1 und O_2 sind Drehpunkte. Die Zugstange Z greift am Platinenboden an und beim Niedergang Z' werden die strichlierten Stellungen PB' und M' erzielt, demnach ein Hoch-, Tief- und Schrägfach entstehen. Die Prismalade PL ist mit Verbindungsstange $n m$ versehen und schwingt nach n' rechts aus.

XXI. Vorrichtungen, um in Figur und Grund eines Musters beliebige Bindungen zu bringen.

Für die einfachen Jacquardgewebe wird gewöhnlich die Abbindung des Grundes und der Figur in der Musterpatrone eingezeichnet und die Karte nach dieser Vorlage geschlagen. Es kann demnach nur durch diese Karten die in denselben geschlagene Bindung zur Wirkung gelangen. Das Gewebe zeigt immer nur einen eindeutigen Ausfall, während bei einem

---

*) Siehe I. Teil.

möglichen Wechsel der Bindungen ohne neuer Karte ein freierer Spielraum vorhanden ist und die günstigste Wirkung für den Ausfall gewählt werden kann. Man erspart Zeit und Kosten und die Musterung bleibt weniger beschränkt, weil ohne Änderung der Karten durch wenige Hilfskarten auch andere Abbindungen versucht werden können. Emil Bittner in Brünn schlägt

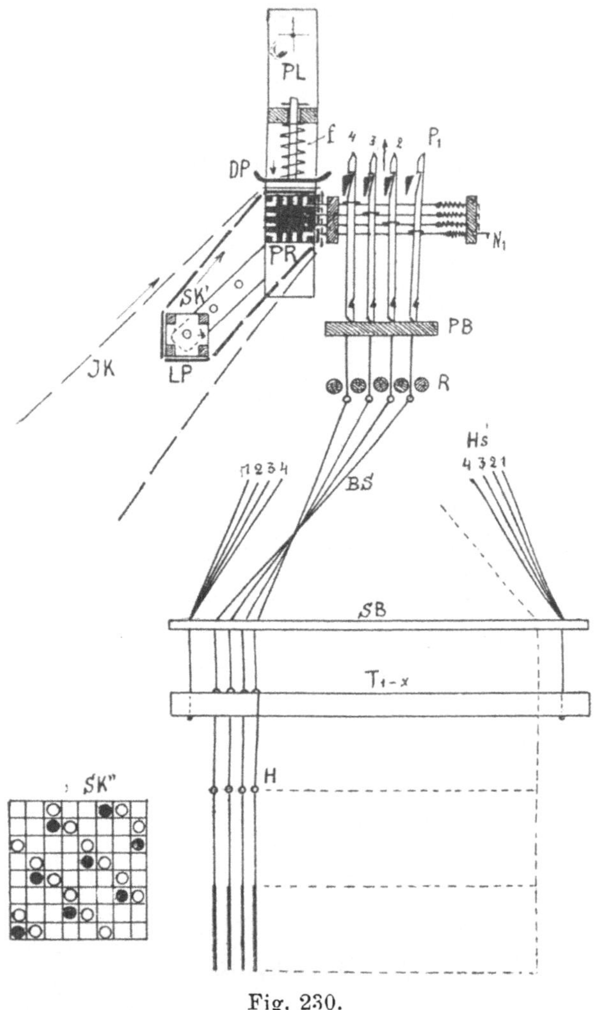

Fig. 230.

zu diesem Zwecke folgendes Verfahren vor, das in der Webeweise selbst keine Änderung macht. Die Patrone wird gänzlich ohne Bindung gezeichnet und für Massenhebung geschlagen. Nach Fig. 230 werden zur Erzeugung der Bindung im Grunde die bekannten Unterschäfte T_{1-x} verwendet, die mit Reserveplatinen oder einer kleinen Schaftmaschine die probeweisen Grundbindungen durch Umschnüren ausheben. Es bleibt die Abbindung des Ketteffektes der Figur übrig. Zu diesem Zwecke überlegt man das Jacquardprisma mit einer für diese Bindung hergestellten Karte SK', die mittels Leitprisma LP geführt wird und nur nach einer der Grundbindung ausweichenden Figurbindung geschlagen ist. Letzteres Erfordernis ist bei SK'' ähnlich wie in der Damastweberei dargestellt, z. B. achtbindiger Kettatlas neben der von den Unterschäften gehobenen vierbindiger Köperbindung ☐. Die schwarzen Punkte werden nicht geschlagen, so daß diese die Senkungen im Ketteffekte bringen. Darüber läuft in gewöhnlicher Anordnung die Jacquardkarte JK. Für die gehörige Auflage beider Karten am Prisma dient eine federnde Druckplatte DP.

Nimmt man ein vier- bis sechsseitiges Prisma, so kann die Hilfskarte wegfallen, wenn die schwarzen Senkungspunkte der Zeichnung SK'' im Jacquardprisma durch Klemmstöpsel ausgefüllt werden.

Es lassen sich mit dieser Vorrichtung auch für andere Stoffe Vorteile gewinnen. Auf der Pariser Ausstellung war eine ähnliche Einrichtung, die für die Musterweberei empfohlen wurde, zu sehen.

XXII. Anhang.

1. Verzeichnis weberei-technischer Gegenstände*).

Es soll künftig heißen:

Anhangeisen	statt:	Klöppel, Blei, Eisen.
Beschnüren	„	Gallieren, Harnischstechen.
Bindepunkt	„	Binde- oder Bundauge.
Borte	„	Borde.
Bündel	„	Puppe.
Drehergewebe	„	Gaze, Dünntuch.
Drehefaden und Stehefaden	„	Poilfaden, Dreherfaden, fester Faden und Stückfaden.
Drücker	„	Krücke.
Einstellung, Fadeneinstellung, Dichte	„	Konto.
Einziehen	„	Einreihen, Passieren.
Endleiste	„	Salleiste, Rand, Saumleiste, Saum, Kordoni.
Felbel	„	Felber, Pelzsamt, Velpel.
Flottieren der Fäden	„	Lizeré.
Flor (bei Samt die haarige Decke)		
Gegengewicht	„	Kontragewicht.
Gemusterte Gewebe	„	figurierte, dessinierte, fassonierte Gewebe.
Gewebebild (bildliche Darstellung der Bindung)		
Gleichhängen, Anschlingen	„	Egalisieren, Anhängen.
Grund, z. B. einer Decke	„	Mitte, Fond, Boden.
Helfen (Helfenauge, Maillon)	„	Litzen, Mayern.

*) Die hier nicht verzeichneten Namen siehe I. Teil.

Jacquard	statt:	Jaquard.
Kamm, Blatt	„	Riet.
Kammstechen	„	Blattstechen.
Karabiner, Einkarabinern	„	Karbinen, Einkarbinen.
Kartenlauf	„	Karten-, Mustersteig.
Kette (Figur, Binde, Grundkette) . .	„	Zettel, Werfte.
Kettenbaum	„	Garnbaum.
Kettenspulen	„	Pfeifen.
Korps (sprich Kor)	„	Chor.
korpsig (sprich korig)	„	chorig.
Lade (Hand-, Schnell-, Wechsel-, Broschier-, Sticklade)	„	Schlag.
Längertuch	„	Linder-, Untertuch.
Lesen	„	Levieren.
Linienpapier	„	Carta rigata, Tupfpapier.
Muster und Rapport	„	Kurs, Chemin.
Musterauszählen	„	trennen, -aussetzen, -absetzen.
Nadel (Schneide- und Zugnadel) . .	„	Rute.
Netz (Einteilung der Skizze)		
Noppen (Kettenfadenteile, welche bei Samt den Flor bilden)	„	Schleifen, Maschen.
Patrone	„	Musterzeichnung, Linienpapierzeichnung, Dessin.
Platinboden	„	-brett, Maschinboden.
Platinschnur	„	Korde.
Poilfaden (der die Flordecke bildende Faden in Samtgeweben)		
Presse (-rolle, -bahn)	„	Schlange.
Prisma	„	Jacquardzylinder.
Quadrate (große oder Fünferquadrate und kleine. Letztere zerfallen in die einzelnen Linien)	„	große, kleine Chenie (Schönie).
Schnüre oder Hebeschnüre	„	Gallier-, Harnischschnüre, Arkaden, Heber.
Schnürbrett	„	Gallier-, Harnisch-, Korpsbrett.
Schnürordnung	„	Gallierung.
Schuß (Grund-, Figur-, Binde-, Lancier-, Broschier-, Futter-, Füll-, Stepp-, Schneid-, Rippenschuß)		
Teilung, feine, grobe (der Jacquardmaschine)	„	Grob-, Feinstich.
Tretweise oder Trittfolge	„	Trittweise.
Vorderschäfte, auch Vorderwerk . .	„	Vorderzeug.
Vorrichtung	„	Einrichtung.
Wendehaken	„	Hunde.
Werk (Schaftwerk), Geschirr	„	Zeug.
Zahn, Riet	„	Rohr.
Zwillichgewebe, -bindung	„	Schachwitz-, Stein-, Damenbrettgewebe oder -bindung.

2. Sachverzeichnis.